Die Kohlenstoffernährung des Waldes I.

Dissertation

zur Erlangung der Doktorwürde

bei der

philosophischen Fakultät der Hessischen Ludwigsuniversität

zu Gießen

eingereicht von

Theodor Meinecke d. J.

geboren in Winsen a. d. Luhe

Springer-Verlag Berlin Heidelberg GmbH 1927

ISBN 978-3-662-31420-3
DOI 10.1007/978-3-662-31627-6

ISBN 978-3-662-31627-6 (eBook)

Genehmigt durch den Prüfungsausschuß

am 21. Februar 1924.

Berichterstatter: Dr. Vanselow
„   Dr. Köttgen

Die vorliegende Arbeit ist entstanden auf Veranlassung des Herrn Professor Bornemann in Bad Nauheim. Sie wurde von meinem verehrten Lehrer, Herrn Professor Wimmer in Gießen, gefördert und beeinflußt. Die Herren, in deren Forsten ich meine Untersuchungen anstellen durfte, nämlich mein Vater, Dr. Meinecke, die Herren Forstmeister Dr. h. c. Erdmann, Kammerherr Dr. h. c. von Kalitsch und Landrat Dr. h. c. von Keudell, haben mich bei der Arbeit in ihren Revieren unterstützt. Herr Professor Dr. Vanselow, als Nachfolger des erkrankten Herrn Professor Wimmer, und Herr Dr. Köttgen haben die Referate über die Arbeit übernommen.

Es sei mir gestattet, auch an dieser Stelle den genannten Herren meinen wärmsten Dank zu sagen.

Lebenslauf

Ich, Theodor Adolf Carl Richard Meinecke, wurde am 19. Juni
1899 geboren in Winsen a. d. Luhe, Reg.-Bez. Lüneburg, als Sohn
des Apotheken- und Waldbesitzers Dr. phil. Theodor Meinecke und
seiner Gemahlin Katharina, geb. von Conta. Nach der gehobenen
Bürgerschule zu Winsen besuchte ich das Gymnasium zu Lüneburg,
das ich 1917 mit der Reifeprüfung verließ. Während meiner Apo-
thekerpraktikantenzeit war ich neun Monate zum Heeresdienst ein-
gezogen. Nach bestandenem pharmazeutischen Vorexamen besuchte
ich vom Sommersemester 1920 bis zum Wintersemester 1921/22 die
Universität München als Studierender der Pharmazie. In Gießen,
wo ich am Anfang des Wintersemesters 1922/23 das pharmazeutische
Staatsexamen bestand, studierte ich drei Semester lang Forstwissenschaft und daneben Chemie. Im Anschluß daran wurde ich mit einer
Dissertation „Die Kohlenstoffernährung des Waldes I" zum Doktor
der Philosophie promoviert; in der mündlichen Doktorprüfung waren
das Hauptfach Forstliche Produktionslehre (Professor Dr. Vanselow),
die Nebenfächer Chemie (Geh. Rat Professor Dr. Elbs) und Botanik
(Professor Dr. Küster). Dann studierte ich an der Forstlichen Hochschule zu Hann.-Münden und legte dort, am Ende des Wintersemesters 1924/25 das Forstliche Diplomexamen ab. Anschließend wurde
ich auf Grund einer Dissertation „Die Kohlenstoffernährung des
Waldes II" zum Doktor der Forstwissenschaft promoviert. Jetzt ver-
walte ich die väterliche Apotheke in Winsen/Luhe.

Meine Hochschullehrer waren in München die Herren Geheimrat
Willstädter, Geheimrat von Goebel, Geheimrat Wien, Geheimrat
Paul, Professor Vanino, Professor Hoenigschmid, Professor Burgeff;
in Gießen die Herren Geheimrat Elbs, Professor Borgmann, Professor Wimmer, Professor Küster, Professor Brandt und Dr. Künanz;
in Hann.-Münden die Herren Professor Oelkers, Professor Sell-
heim, Professor Dr. Gehrhardt und Professor Godbersen.

Inhaltsverzeichnis.

I.

1. Wachstumssteigerung durch Kohlensäurezufuhr.

Es ist sehr auffallend, daß die Pflanzenzüchter, seien es Land=
wirte oder Forstwirte, lange Zeit den Wert der Kohlensäure nicht
erkannt und sich danach gerichtet haben. Eine Zerlegung in die
chemischen Bestandteile zeigt, daß in allen Pflanzen und ihren
Organen, auch in den von ihnen erzeugten Zwischenprodukten, der
Kohlenstoff einen sehr wesentlichen, oft den überwiegenden Teil aus=
macht. Die Trockensubstanz von Laub= und Nadelholz z. B. enthält
durchschnittlich 49,6 % Kohlenstoff, 6,1 % Wasserstoff, 43,8 % Sauer=
stoff, 0,07 % Stickstoff und 0,4 % Asche; letztere setzt sich zusammen
aus Phosphorsäure, Kali, Natron und Kalk. Um nun die Erträge
zu erhöhen, führt die Landwirtschaft seit langem Kali, Kalk, Phos=
phorsäure und Stickstoff ihrem Ackerboden zu, obgleich diese nur einen
so geringen Teil der Pflanzen ausmachen; auch der Forstwirt hat
Düngung, wenn auch mit negativem Erfolge, versucht. Die 50 % Koh=
lenstoff, die Hauptnahrung der Pflanzen, blieben unberücksichtigt.

Für die Vernachlässigung der Kohlensäurefrage ist eine Erklärung
darin zu suchen, daß dem jährlichen Verbrauch durch die Pflanzen
die Mengen Kohlensäure gegenübergestellt wurden, die in der Atmo=
sphäre vorhanden sind. Ein klassischer Vertreter der landwirtschaft=
lichen Düngelehre, Heiden (14 S. 87 f.) berechnet den Verbrauch
für die ganze Erdoberfläche auf 0,815 Billionen Doppelzentner
Kohlensäure im Jahre. Da aber, so sagt er, jährlich allein durch
Atmung, Verbrennung und Verwesung 0,85 Billionen Doppel=
zentner CO_2 erzeugt werden und rund 48,8 mal soviel CO_2 in der
Atmosphäre schon vorhanden ist, so ergibt sich, daß die Entnahme
durch die Pflanzen von der jährlichen Erzeugung überdeckt wird,
oder mit anderen Worten, daß die Kohlensäure der Luft vollkommen
für den Kohlenstoffbedarf der Pflanzen ausreicht. Weiter sagt
Heiden: Obgleich die obige Rechnung genügend gezeigt hat, daß
die Kohlensäure der Luft durchaus ausreichend für das Kohlenstoff=

bedürfnis der Pflanzen ist, so erinnere ich hier doch noch an jene Versuche, bei denen auf einem an organischen Stoffen freien Boden Pflanzen von der vollkommensten Ausbildung erzeugt wurden, welche in betreff ihres Kohlenstoffbedarfes also allein auf die Kohlensäure der atmosphärischen Luft angewiesen waren.

Heiden hat übersehen, daß von den großen CO_2-Mengen in der Atmosphäre zur Zeit der Assimilation, d. h. des größten Verbrauchs, nur verhältnismäßig geringe Mengen sich in unmittelbarer Nähe der Blätter befinden, und daß ein Ersatz der verbrauchten CO_2 aus anderen Luftschichten immer nur langsam vor sich gehen kann. Sein zweiter Beweis ist nicht stichhaltig, weil die angeführten Versuche in geschlossenen Räumen vorgenommen wurden, in denen durch die darin arbeitenden Menschen der Kohlensäuregehalt der Luft bald erheblich über das Normale steigt, sodaß den Pflanzen dadurch die Kohlensäure ersetzt wurde, die ihnen aus dem sterilen Boden her nicht geboten wurde.

Auf Grund dieser und ähnlicher Scheinbeweise hat sich die Wissenschaft der richtigen Erkenntnis von der Wichtigkeit der Kohlensäuredüngung verschlossen.

Der Aufbau jedes Pflanzenkörpers wird als eine Summe chemischer Vorgänge durch das von der Chemie gelehrte Gesetz des begrenzenden Minimums bestimmt. Es kann stets nur so viel an Pflanzenmasse entstehen, wie von den zur Bildung notwendigen Stoffen die Menge des in dem erforderlichen Verhältnis am wenigsten vorhandenen zuläßt. Will man die Massenerzeugung heben, so muß man also diesen begrenzenden Baustoff der Pflanze in größerer Menge zur Verfügung stellen.

Unter dem Einfluß der Lehre, daß der Kohlenstoff stets überreichlich den Pflanzen geboten sei, wurde das begrenzende Minimum beim Stickstoff und den Mineralsalzen gesucht. Daher wurden beide in einer Menge dem Boden zugeführt, die um ein Vielfaches diejenige Menge übertrifft, die tatsächlich von den Pflanzen aufgenommen wird. Der sich daraus berechnende Erfolg, d. i. eine Ertragssteigerung um das Zehn- und Hundertfache, trat nicht ein, sondern nur eine an sich wohl beachtliche, aber sehr viel geringere Hebung des Zuwachses. Das ist ein schlagender Beweis, daß hier nicht das begrenzende Minimum zu suchen ist.

Nach längeren Dürreperioden ist zweifellos das Wasser in zu geringer Menge verfügbar. Aber es handelt sich stets nur um einen

geringen Teil der Vegetationszeit, in dem diese Verhältnisse ein=
treten. Außerdem ist der Landwirt und erst recht der Forstwirt
machtlos dagegen; denn künstliche Bewässerung ist nur bei inten=
sivem Gemüsebau möglich. Während der größten Zeit leiden die
Pflanzen nicht an Wassermangel.

Aus dieser Überlegung ergibt sich, daß dann nur der Kohlenstoff
der begrenzende Faktor sein kann. Zahlreiche Versuche aus neuerer
und neuester Zeit haben tatsächlich den Aufschluß gebracht, daß durch
vermehrte Kohlensäurezufuhr eine sehr erhebliche Ertragssteigerung
zu erzielen ist. Schon Ende des 18. Jahrhunderts hatte der Eng=
länder Perceval beobachtet, daß Pflanzen, die er in einem an
CO_2 reichen Luftstrom wachsen ließ, beträchtlicher und schneller an
Gewicht zunahmen als Pflanzen, die er in einem Strom von atmo=
sphärischer Luft hielt. De Saussure stellte 1804 das gleiche fest,
fand aber auch, daß ein zu hoher CO_2=Gehalt der Luft schadete.

1885 bemerkte Kreusler, daß es nicht auf die absolute Menge
CO_2, sondern auf die relative Konzentration ankommt, und daß sich
die begünstigende Wirkung mit der Vermehrung der CO_2 anfangs
recht schnell, dann immer langsamer steigert, um schließlich sehr all=
mählich einem entgegengesetzten Einfluß zu weichen. Das Optimum
nimmt er als zwischen 1% und 10% liegend, je nach der Lichtstärke,
an. Kreuslers Versuche waren mit Pflanzenteilen angestellt. 1903
fand Demoussy bei mit lebenden Pflanzen unternommenen Ver=
suchen eine Wachstumssteigerung durch vermehrte CO_2=Zufuhr bis
auf das $2^1/_2$fache. Auch diese Erfolge vergaß die Wissenschaft, und
die Praxis nahm sich ihrer nicht an.

1911 begann Fischer mit Kohlensäuredüngungen in Glashäusern
und erzielte Wachstumssteigerung bis auf das 3,2fache. Dann haben
Kisselew, Klein und Reinau sowie Bornemann (5, auch aus=
führliche Literaturangaben) durch neue Versuche in geschlossenen
Räumen stets diese Erfolge bestätigt gefunden.

Die gleichen günstigen Resultate erzielten Bornemann und
Fischer mit Freilandkulturen, denen sie künstliche Kohlensäure durch
in den Boden eingegrabene Röhrensysteme zuführten. Im großen
Maße hat solche Freilanddüngung Riedel durchgeführt, der die an
CO_2 reichen Abgase von Hochöfen mit durchlochten Zementrohren
seinen Feldern zuleitete. Er hatte auf seinem begasten Feld bei
Kartoffeln den vierfachen Ertrag als auf dem unbegasten, sonst
gleichartigen und mit der gleichen Mineraldüngung versehenen Stück.

Bei allen den vorstehend kurz erwähnten Versuchen war durch die übliche überschüssige mineralische Düngung dafür gesorgt worden, daß es keinem Zweifel unterliegen konnte, daß tatsächlich die Kohlensäure von den Pflanzennährstoffen das begrenzende Minimum bildete.

Für den Forstmann besonders wichtig sind die Erfolge, die Oberförster Hornschu, Zillbach, durch Düngung mit Kohlensäure in Pflanzgärten gehabt hat. Hornschu (19) behandelt seine zu Verschulkämpen bestimmten Flächen in folgender Weise: Vor dem Umgraben werden die Beete etwa fingerdick mit Holzasche bestreut, d. h. mit Asche, die die Überreste von auf den Kahlschlägen verbrannter Rinde, Zweigspitzen usw. darstellt. Nachdem die zu verschulenden Pflanzen eingebracht sind, werden die Beete im Laufe des Frühjahrs und Sommers 4—5mal „gehäckelt", und zwar immer dann, wenn sich eine Kruste gebildet hat.

Aus dem in der Asche befindlichen Kaliumkarbonat kommt die Kohlensäure direkt zur Wirkung; außerdem regt die alkalische Reaktion die Tätigkeit der Zersetzungsbakterien an. Stets in der Asche enthaltene, nicht ganz verbrannte organische Reste werden außer den im Boden enthaltenen zu CO_2 oxydiert. Das Lockern hemmt die Verdunstung, fördert die Taubildung und steigert die Kohlensäureentwicklung. Der schädliche Einfluß der Verkrustung wird aufgehoben, den Bornemann (5 S. 69) experimentell nachgewiesen hat. Er fand, daß nur ein Drittel der CO_2-Menge ausströmt, die bei demselben, aber nicht verkrusteten Boden frei wird.

Der Erfolg dieser Kohlensäuredüngung Hornschus ist in die Augen fallend: Einjährig verschulte Fichten waren nach einem Jahre so groß, daß sie teilweise bereits hätten verpflanzt werden können, nach zwei Jahren schon so groß, daß sie schwierig zu verpflanzen waren, im Durchschnitt 50 cm, im Maximum 75 cm hoch mit guter Bewurzelung und Beastung.

Die alte Theorie, daß die Pflanzen stets überreichlich CO_2 zur Verfügung haben, ist endgültig abgetan. Neue Hypothesen, die von einer Wachstumssteigerung durch erhöhte CO_2-Zufuhr ausgehen, sind an ihre Stelle getreten.

2. Neue Kohlensäuredüngungstheorien.

Eine der interessanten Annahmen ist die sog. Kohlensäuresttheorie von Reinau (36). Reinau geht davon aus, daß nach Versuchen von Saussure, Boussingault, Lewy, Schulze, Truchot, Claesson, Tissandier, Marié=Davy, Reisset, Müntz und Aubin, Heine, Blochmann, Brown u. a. der CO_2=Gehalt der Luft tags niedriger als nachts, bei Sonne niedriger als bei Bedeckung, Regen und Nebel gefunden wird. Sicherlich ist ganz deutlich, sagt Reinau, daß bei intensiverem Sonnenlichte und höchstem Wachstum der Gehalt der Luft an CO_2 gegenüber dem Mittelgehalt um 10—15% fällt und gegenüber den Nachtmaximis sogar um 25%. Daß in der Natur solche Werte im Wachstum wie die experimentell gefundenen Assimilationsgrößen nicht gefunden werden, führt Reinau darauf zurück, daß dort die Assimilation begrenzt ist durch den geringen Partialdruck der CO_2 in der Atmosphäre. Er zieht daraus den Schluß, daß z. B. bei geringsten Licht= stärken und bei geringer CO_2=Konzentration tatsächlich die Assi= milation gleich Null werden muß, d. h. daß die in der Atmosphäre dargebotene geringe Menge CO_2 tatsächlich nicht assimiliert wird, daß sie unverändert zurückbleibt. Nun, und diese Grenzmenge CO_2 ist eben gerade diejenige, welche bei der Mitteilung so vieler CO_2= Analysen der Luft immer um 29—30 : 100000 (0,03%) gefunden wird. Ihre unterste Grenze liegt bei uns bei 22—24, in den Tropen bei etwa 27—30, im Hochgebirge und in der Antarktis bei 17,5—19 : 100000. Diese Zahlen sind der Grenzwert der nicht mehr ausnutz= baren Kohlensäure (daher der Name Kohlensäureresttheorie).

Reinaus Annahme ist nun folgende: Wenn bei gleichbleibender Belichtung und Temperatur der Innendruck, d. i. der CO_2=Gehalt der Luft in der Pflanze, z. B. 29 : 100000 beträgt, während der Außendruck 30 ist, sei die Assimilationsstärke gleich 1 gesetzt. Wenn nun durch irgendwelche Umstände der Außendruck auf 31 steigt, dann wird die Druckdifferenz gleich 2, und damit verdoppelt sich auch die Assimilation. Also ist die Assimilation den Partialdruckdifferenzen proportional.

Reinaus Theorie gegenüber steht die Anschauungsweise, daß die Assimilation direkt proportional mit dem CO_2=Druck steigt. Bei obigem Beispiel hätte man im Falle einer Zunahme der Kohlen= säurekonzentration von 30 auf 31 : 100000 eine Assimilationssteige= rung auf das $^{31}/_{30}$fache.

Dieser letzten Theorie folgt auch Bornemann (5 S. 7). Er sagt wörtlich: „Die absolute Menge CO_2, die der Pflanze pro Flächen= einheit Blattfläche in der Stunde zur Verarbeitung zur Verfügung

steht, ist somit allein von der Differenz der Spannungen der Kohlen-
säureluftgemische innerhalb und außerhalb des Blattkörpers abhängig. Es muß somit die Größe der Assimilation oder des Wachs-
tums innerhalb der Grenzen der Leistungsfähigkeit der Zellen
proportional dem Kohlensäuregehalt der umgebenden Luft sein."
Bornemann nimmt also an, daß die Pflanzen die CO_2 der
Luft innerhalb der Assimilationsorgane bis auf Null erschöpfen
können.

Ob Reinaus Theorie, die sich auch auf schwierige Berechnungen
über das Verhältnis von Wasserdampfdruck innerhalb und außerhalb der Pflanze zum Kohlensäuredruck stützt, bei weiterer Nachprüfung sich wird als richtig erweisen können, vermag ich nicht zu
sagen. Ich möchte eher glauben, daß sie nicht stimmt, um so mehr
als nach einer privaten Nachricht von Prof. Bornemann dieser
und auch Reinau selbst, wie auch schon Boussingault in der
ersten Hälfte des vorigen Jahrhunderts, eine Ausnützung der CO_2
bis auf einen weit geringeren Betrag, als Reinau vorher in seinen
Berechnungen eingesetzt hatte, gefunden haben.

Selbstverständlich haben auf das Maximum der Assimilation auch
andere Faktoren neben der Kohlensäure Einfluß, nämlich Licht und
Temperatur. Schon 1880 hat Mariè-Davy festgestellt, daß zur
Erzielung der gleichen Menge an Assimilaten zwischen CO_2-Befund
und Beleuchtungsstärke eine umgekehrte Proportion bestehen müsse,
d. h. das Produkt aus CO_2-Mittel und Belichtungsmittel muß nahezu
gleich sein.

Blackman und seine Schüler (4) haben darauf weitergebaut
und eine Theorie der begrenzenden Faktoren bei der Kohlensäure-
assimilation entwickelt, nämlich der Faktoren CO_2-Partialdruck,
Temperatur und Lichtmenge. Seine Gesetze sind diese:

1. Zu jeder Temperatur gehört eine Maximalassimilationsgröße,
vorausgesetzt, daß genug CO_2 und Licht vorhanden ist.

2. Dieser Wert steigt rasch mit steigender Temperatur, und dies
ist ähnlich mit dem der Respiration (Ausatmung von CO_2 z. B.
durch die Wurzeln).

3. Bei allen Lichtstärken ist der Assimilationsbetrag diesen Lichtstärken proportional, vorausgesetzt, daß kein begrenzender Faktor
vorhanden ist.

4. Es gibt kein Lichtstärkenoptimum, weder im allgemeinen noch
für spezielle Blätter, weder bei einer beliebigen noch bei einer

höchsten funktionellen Temperatur (37°); der Betrag an Licht, den die Blätter ausnützen, ist individuell verschieden.

5. Die Kurve der Assimilationswerte steigt bei Erhöhung eines Faktors geradlinig an, biegt aber, sobald ein anderer Faktor ins Minimum gerät, mit scharfem Knick zur Horizontalen um.

Diese Blackmansche Theorie schränkt Harder (12 S. 531f.) in gewissem Umfange wieder ein. Er sagt, „daß sich Lichtintensität und Kohlensäurekonzentration in ihrer Wirkung auf die Assimilationsgeschwindigkeit derart gegenseitig beeinflussen, daß bei Steigerung des einen Faktors, z. B. der Lichtintensität, dessen Wirkung auf die Assimilationsgeschwindigkeit nicht bei allen Konzentrationen des anderen Faktors, z. B. der Kohlensäure, gleich, sondern um so stärker ist, je höher die Konzentration des anderen Faktors ist. Dies gilt jedoch nur für die absoluten Assimilationsgeschwindigkeitswerte, relativ ist die die Geschwindigkeit steigernde Wirkung einer CO_2-Konzentrationserhöhung am größten bei schwachem Licht, und ebenso ist die relative Wirkung des Lichts am größten bei niedrigen CO_2-Konzentrationen." „Die Verhältnisse bei der CO_2-Assimilation sind also komplizierter, als man aus den Ergebnissen der landwirtschaftlichen Botaniker über das Zusammenwirken mehrerer Faktoren bei der organischen Ernährung schließen könnte ...", wahrscheinlich weil „wir es bei der CO_2-Assimilation nicht mit dem Zusammenwirken zweier Nährstoffe, sondern eines stofflichen und eines Energiefaktors zu tun haben."

Wie weit diese sich teilweise widersprechenden Theorien richtig sind, mag von anderen nachgeprüft werden. Soviel steht jedenfalls fest, eine erhebliche Steigerung der Assimilation ist durch Vermehrung des CO_2-Gehalts der die Pflanzen umgebenden Luft zu erreichen und, wie oben kurz angeführt, auch durch Versuche größeren und geringeren Umfanges erzielt worden.

3. Ursprung der Kohlensäure in der Natur.

Man nahm früher allgemein an, daß die Kohlensäure, welche die Pflanzen verbrauchen, aus dem großen Vorrat der die Erde bis zu großen Höhen umgebenden atmosphärischen Luft entnommen würde. Von dieser Anschauung wird man abkommen müssen, nachdem man gesehen hat, daß der CO_2-Gehalt der Luft im Boden und in den Schichten dicht über dem Boden bei weitem höher ist als in den größeren Höhen. Es muß also stets ein Zustrom von CO_2 von unten nach oben stattfinden, der im Gesetz der Diffusion aller Gase begründet ist. Im Walde sind daher diejenigen Kohlensäuremengen, welche sich oberhalb des Kronendaches befinden, von keiner oder von sehr geringer Bedeutung im Vergleich zu denjenigen, die aus dem Boden ausströmen. Es ist diesen daher die größte Beachtung zu schenken.

Der Kohlensäuregehalt der Bodenluft hat allgemein drei Ursachen: ein Teil ist das Produkt chemischer Umsetzungen, die, wie man annehmen muß, sich in sehr tiefen Erdschichten bei sehr hohen Temperaturen abspielen. Ebermayer (8 S. 40) hält es für wahrscheinlich, daß in jenen Tiefen der Erde, wo Siedehitze besteht, Kalkkarbonat (Kalkstein) durch Kieselsäure (Quarz) zersetzt und unter Entwicklung von Kohlensäure in Kalksilikat verwandelt wird. In jenen größeren Tiefen, wo Glühhitze herrscht, könnte aus Kalkgesteinen auch Kohlensäuregas ausgetrieben werden, ähnlich wie es in unseren Kalköfen geschieht. Auf eine viel hypothetischere Annahme begründet bezeichnet Ebermayer die Theorie von Meunier, der annimmt, daß im Erdinnern wahrscheinlich eine große Menge von kohlehaltigem Eisen (Gußeisen) in geschmolzenem Zustande vorhanden ist, das selbst durch Einwirkung heißen Wassers Kohlenwasserstoffe entwickelt, die durch Verbrennen Kohlensäure und Wasserdampf liefern. Für das Vorhandensein einer mächtigen Kohlensäurequelle im Erdinnern sprechen auch die Tatsachen, daß alle Quellen, die aus größeren Tiefen hervortreten, reich sind an Kohlensäure (Säuerlinge); daß aus Vulkanen und zahllosen Erdspalten große Mengen CO_2 ausströmen; daß in größeren Bodentiefen (35 S. 390) der Gehalt an CO_2 wie die Erdwärme steigt; daß bei Bestimmung der Bodenatmung niemals in der Natur, auch bei einem gänzlich humusfreien Boden, der Wert gleich Null gefunden wird. Ramann (35 S. 373) hält die aus dieser Umsetzung im Erdinnern stammende Kohlensäure, obgleich sich ihre Menge nicht schätzen läßt, für die bedeutendste Quelle dieses für die Pflanzenwelt unentbehrlichen Nährstoffes. Es ist aber, und dies ist für den Praktiker von großer Wichtigkeit, in keiner Weise möglich, durch irgendeine Einwirkung diese Kohlensäuremenge zu beeinflussen, zu vermehren oder zu regulieren.

Der zweite Teil der Kohlensäure im Boden ist die bei der Wurzelatmung der Pflanzen entstehende Menge. Diese läßt sich für einzelne Pflanzen bestimmen, die aus dem Boden genommen und in eine CO_2-freie Nährlösung gebracht sind. Die Werte schwanken sehr; es zeigt sich aber, daß je zarter das Wurzelsystem ist, dieses eine um so größere Atmungsenergie entwickelt. J. Stoklasa und A. Ernest (29 S. 723f.) übertragen die hiernach gefundenen Zahlen und berechnen für einen Weizenboden eine CO_2-Menge von 60 kg pro Hektar und Tag. Diese Zahl, welche nur auf Grund von Bedingungen, wie sie in der Natur nicht vorkommen, ermittelt ist, scheint mir sehr hoch. Auf jeden Fall ist aber die durch die Wurzelatmung hervorgebrachte Kohlensäuremenge im Walde als Stoffwechsel= produkt des Bestandes abhängig von seiner Art und Güte.

Die dritte für den praktischen Landwirt oder Forstmann allein wichtige Kohlensäuremenge wird hervorgebracht durch die Mikro= organismen, welche sich in der Bodenkrume befinden, namentlich die Bakterien, Schimmelpilze und Algen. Diese sind es, welche die pflanzlichen Abfallstoffe, im Walde die Reisig=, Laub= und Nadel= streu, zersetzen und zu CO_2 oxydieren. Sie sind in den obersten Bodenschichten weitaus am zahlreichsten vertreten, gemäß den Mengen zersetzbarer Stoffe; nach unten nimmt ihre Zahl rapide ab. Stoklasa und Ernest (loc. cit.) fanden bis 30 cm Tiefe 3—8 Mil= lionen, bis 60 cm 300 000, zwischen 80 und 100 cm 20 000 vegetative Keime pro Gramm trockenen Boden; bei einer Tiefe über 100 cm war er fast steril.

Übereinstimmend ist festgestellt, daß die aus den Zersetzungsvor= gängen (Oxydation) der Humusstoffe stammenden Mengen CO_2 in sehr weiten Grenzen schwanken und von den verschiedensten Fak= toren abhängig sind. Dieses sind zum großen Teil Bedingungen, auf die der Landwirt und der Forstmann einwirken können. Man ist also imstande, diese dritte Kohlensäurequelle so zu beeinflussen, daß sie den Kulturgewächsen eine reichlichere Kohlenstoffernährung zu der für die Pflanzen günstigsten Zeit ermöglicht. Dabei sind die Mengen CO_2, die der Zersetzung organischer Stoffe ihre Entstehung verdanken, sehr erhebliche. Stoklasa und Ernest (loc. cit.) be= rechnen z. B. für den Waldboden die fünffache Menge derjenigen, welche durch die Wurzelatmung eines Weizenfeldes entsteht. Darum gilt es, den Zersetzungsvorgängen große Aufmerksamkeit zu schenken. Sie sind in den sie bedingenden Faktoren genau zu untersuchen, damit auf Grund dieser Ergebnisse der Wissenschaft die Praxis zur größtmöglichen Ausnützung kommen kann.

4. Wichtige fremde Bestimmungen der Kohlensäure außerhalb des Waldes.

Die ersten exakten Methoden zur Bestimmung der Kohlensäure im Boden und in der Luft gehen auf den Münchener Hygieniker v. Pettenkofer zurück. v. Pettenkofers erste, die sog. Flaschen= methode benutzt eine große Glasflasche mit doppelt durchbohrtem Stopfen, die ganz mit kohlensäurefreiem Wasser gefüllt wird. Durch die eine Bohrung wird das Wasser langsam abgehebert, durch die andere Bohrung wird von der Entnahmestelle ebensoviel Luft wie Wasser ausläuft, in die Flasche innerhalb einiger Stunden gesogen. Zu der zu untersuchenden, sorgfältig abgeschlossenen Luft wird eine genau abgemessene Menge einer Lösung von Bariumhydroxyd mit bestimmtem Gehalt hinzugefügt und mit ihr kräftig durchgeschüttelt. Es entsteht unlösliches Bariumkarbonat; der Überschuß von Barium= hydroxyd wird durch Titrieren mit Säure festgestellt.

Mehr angewendet wurde die zweite Methode, v. Pettenkofers Absorptionsmethode. Sie benutzt gleichfalls die große, mit Wasser gefüllte Flasche. Zwischen die zur Entnahmestelle führende Röhre und die Flasche ist jedoch ein wagerechtes Glasgefäß von 50 bis 100 cm Länge geschaltet, das mit einer bestimmten Menge Baryt= wasser gefüllt ist. Die Luft wird langsam in kleinen Blasen durch das Barytwasser hindurchgesogen und gibt dabei ihre Kohlensäure ab. Durch Titrieren mit Säure wird ihre Menge bestimmt. 1 mg CO_2 entspricht 0,508 ccm CO_2, bezogen auf 0^0 und einen Baro= meterstand von 760 mm.

Nach dieser v. Pettenkoferschen Methode sind von ihm und anderen eine große Zahl von CO_2=Bestimmungen im Boden und in der Luft ausgeführt. Dabei wurde in der Luft der mittlere Gehalt von etwa 0,03 % gefunden. Weiter zeigte sich, daß die Nachtluft etwas kohlensäurereicher ist als die am Tage, ebenso die im Herbst etwas mehr CO_2 enthält als die im Frühjahr. Für die Bodenluft ergab sich, daß der CO_2=Gehalt nach unten hin steigt (vgl. S. 8); daß er je nach der Pflanzendecke, nach der Bodenart, nach dem Feuchtig= keitsgehalt, nach der Jahreszeit und nach dem Gehalt an organi= schem Dünger erheblichen Schwankungen unterworfen ist.

Wollny (51), einer der Begründer und eifrigsten Förderer der bodenkundlichen Wissenschaft, hat die Tätigkeit der Verwesungs= bakterien an Komposterde unter Berücksichtigung von Temperatur

und Wassergehalt studiert. Er ließ Luft langsam durch die Kompost=
erde streichen und fand, daß die Verwesung um so besser vor sich
geht, je höher die Temperatur und je größer der Wassergehalt ist.

F. H. Hesselink van Süchtelen (17) läßt durch 6 kg gut durch=
gemischten Boden in 24 Stunden kohlensäurefreie Luft streichen.
Diese wird dann durch eine Pettenkofersche Absorptionsröhre ge=
leitet, in der die am Boden entwickelte Kohlensäure aufgefangen
und wie oben bestimmt wird. Bei dieser Arbeitsweise lassen sich
die jeweiligen Witterungsverhältnisse ganz ausschalten. Sie ge=
stattet sogar, die Temperatur und den Wassergehalt des Bodens
beliebig zu verändern, und ergibt dadurch wertvolle Resultate. Was
jedoch sehr wichtig ist: die natürlichen Verhältnisse in der gewöhn=
lichen Lagerung des Bodens kommen nicht zum Ausdruck. Die
Ergebnisse sind in diesen Sätzen zusammengefaßt:

1. Gleiche Böden weisen unter gleichen Umständen dieselbe
Intensität der CO_2=Produktion auf.

2. Auf eng begrenztem Felde finden sich große Unterschiede.

3. Zerkleinerter, gut bearbeiteter Boden zeigt größere Bakterien=
wirksamkeit als nicht zerkleinerter.

4. Vermehrte Lüftung wirkt fördernd; ihr Einfluß wird allmäh=
lich geringer.

5. Bei Zusatz von organischen Stoffen (Wickenstroh) tritt die
größte CO_2=Produktion nach 8 Tagen ein.

6. Durch Salze wird eine Steigerung erzielt, am meisten durch
Ammoniumsulfat, dann Magnesiumsulfat und Superphosphat.

7. Schon geringe Änderungen im Wassergehalt machen sich be=
merkbar. Das Optimum liegt bei 75% der vollen Wasserkapazität,
das Minimum bei 4,4% (Gewichts=).

8. Durch einmaliges Durchfrieren wird Herabsetzung auf die halbe
CO_2=Menge bewirkt; bald tritt Erholung ein.

9. Das Bakterienleben ist in den unteren Schichten bei weitem
nicht so rege wie in den oberen.

Ausgehend von dem Gedanken, daß bei all diesen Versuchen,
besonders was die Kohlensäureproduktion durch Zersetzung anbe=
trifft, die natürlichen Verhältnisse weitgehend verändert werden,
hat Bornemann (5 S. 73f.) Bestimmungen am natürlich ge=
lagerten Boden angestellt. Dazu wurden auf dem zu kontrollieren=
den Felde Blechzylinder (oben und unten offen) von 82,5 cm
Umfang und 15 cm Höhe senkrecht in den Boden gedrückt. In die

Mitte jeder so umfaßten Fläche von 541,6 qcm wurde eine mit Deckel geschlossene zylindrische Glasbüchse von 20 qcm Querschnitt mit 20 ccm Kalilauge gefüllt, auf ein leichtes Drahtgestell gesetzt und das Ganze mit einer Glasglocke bedeckt, die genau in den Blechzylinder paßte und die eingeschlossene Bodenfläche nebst der Kalilauge luftdicht gegen die Atmosphäre abschloß. In die Glasglocke wurde oben neben dem Kopf ein kleines Loch gebohrt, durch welches — mit einem Korkstöpsel abgedichtet — ein Drahtbügel geführt wurde. Mit diesem kann nach Aufstellung des ganzen Apparates bei geschlossener Glocke der Deckel der Glasbüchse abgehoben und seitwärts bewegt und ebenso bei Schluß des Versuches wieder auf die Büchse zurückgebracht werden. Nach Schluß des Versuches wurde die Kalilauge in einem gegen atmosphärische Kohlensäure abgesperrten Kasten in Barytwasser eingegossen; die Menge des gebildeten Bariumkarbonats wurde bestimmt und daraus die entwickelte CO_2-Menge errechnet.

Bornemanns Zahlen zeigen, daß die flache Lockerung eines humusarmen Bodens nur eine mäßige und bald wieder schwindende Steigerung der Kohlensäureproduktion bewirkt, während die tiefe Lockerung eine so erhebliche Vermehrung zur Folge hat, daß der assimilierenden Pflanze mehr Kohlensäure aus dem Boden als aus der Atmosphäre zuströmt. Der Vergleich mit den Niederschlägen läßt deutlich die Abhängigkeit der Kohlensäureproduktion vom Regenfall erkennen. Wesentlich größere Mengen Kohlensäure lieferte durchschnittlich, wie nicht anders zu erwarten war, der mit organischen Stoffen gedüngte Boden als der ungedüngte. Die Kohlensäureproduktion aus dem Dünger setzte sofort ein, stieg noch etwas, um dann langsam abzufallen, während sie auf der ungedüngten, humusarmen Fläche sich in mäßigen Grenzen hielt.

Diese Versuche beweisen, daß die Pflanzen auf Kulturboden unter einem Kohlensäuredruck wachsen, der den der atmosphärischen Luft beträchtlich übersteigt und schon bei schwacher Düngung annähernd die doppelte Höhe des Kohlensäuredruckes in normaler Luft erreicht. Sie beweisen ferner, daß tiefe Bodenlockerung während der Vegetationszeit einen so starken Kohlensäurestrom aus dem Boden entfesselt, daß ein sehr viel schnelleres Wachstum die Folge sein muß.

Die Menge Kohlensäure, die der Boden in seiner natürlichen Lagerung und Beschaffenheit an die Atmosphäre abgibt, hat ferner etwa gleichzeitig mit Bornemann auch Lundegårdh bestimmt.

Es wurden Versuche sowohl auf landwirtschaftlich genütztem Boden wie auch im Wald angestellt.

H. Lundegårdh (23—25) bestimmte zunächst den Kohlensäure= gehalt der Bodenluft in 20—30 cm Tiefe nach einem dem v. Petten= koferschen ähnlichen Verfahren, bei dem nur 10 ccm Luft zur Unter= suchung kamen. Zur Bestimmung der Bodenatmung (dieser Aus= druck stammt von Lundegårdh) wurde eine große Glasglocke 5 cm tief in den Boden hineingepreßt. Darunter war auf einem Draht= gestell eine Petrischale angebracht. Vor dem Versuch wurden 25 bis 50 ccm einer n/20 $Ba(OH)_2$=Lösung in die Schale gegossen. Nach 1—2 Stunden wurde die Glocke entfernt, die Barytlösung filtriert und das Filtrat zurücktitriert. Nach Abzug der von Anfang an in der Glocke vorhandenen Kohlensäure war dann leicht die vom Boden ausgeatmete Menge zu berechnen.

Später wurde die Glasglocke durch eine solche von starkem Zink= blech ersetzt. Ferner wurde die unbequeme Barytabsorption durch eine Analyse mittels des kleinen modifizierten v. Pettenkoferschen Apparates ersetzt. Die 40 cm weiten Zinkglocken waren zu diesem Zweck oben mit einem Tubus versehen, an den nach einer be= stimmten Zeit die Probeglocke angeschlossen wurde. Der zylindrische Rand der Glocke wurde unter drehender Bewegung 6 cm tief in den Boden hineingepreßt. In dem abgesperrten Luftvolumen steigt anfangs der Kohlensäuregehalt ziemlich proportional der Zeit. Nach etwa einer Stunde wird die Akkumulierung aber langsamer, wahr= scheinlich infolge des verringerten Diffusionsgefälles. Die Analyse muß deshalb spätestens nach einer Stunde vorgenommen werden.

Zur Methode Lundegårdhs ist folgendes zu sagen: Die Tiefe von 5 bzw. 6 cm, die die Glocken in den Boden gedrückt werden, dürfte beim Waldboden jedenfalls oftmals, wenn nicht meistens zu gering sein, um durch den Bodenüberzug in den mineralischen Boden zu gelangen, in dem eine seitliche Diffusion weniger ins Gewicht fällt.

Bei dem ersten Verfahren wendet Lundegårdh als Absorptions= flüssigkeit Barytlösung an; bei dieser bildet sich schon nach kurzer Zeit ein dichtes Häutchen von Bariumkarbonat, welches die Ab= sorption zum mindesten in beträchtlichem Maße hindert.

Ferner wird die Glasglocke in den Boden gepreßt, nachdem die Schale mit der Barytlösung schon aufgestellt ist. Im Waldboden, der in seiner natürlichen Lagerung meist von Reisig oder wenig zersetzten Blättern bedeckt ist, ruft dies Einpressen eine Veränderung in der Lagerung hervor und schafft den Kleinlebewesen plötzlich andere Bedingungen, die sich in Veränderung der Menge ihrer Kohlensäureproduktion zeigen muß und bei der kurzen Dauer des Versuches wesentlich ins Gewicht fällt.

Dieser dritte Fehler wird bei der Methode der Zinkglocken noch dadurch verschärft, daß plötzlich das Licht und die Sonnenstrahlen gänzlich genommen werden. Zudem tritt unter der Glocke ein so hoher Kohlensäuredruck auf, wie er in der Natur nicht vorkommt, d. h. das Gefälle Kohlensäuredruck im Boden zu Kohlensäuredruck in der Luft wird erniedrigt, und zwar um so mehr, je länger der Versuch dauert.

Dagegen ist das Druckgefälle bei der ersten Methode ein größeres als das normale. Durch die Barytlösung wird der Kohlensäuregehalt plötzlich auf Null reduziert. Es tritt eine Saugwirkung auf die Kohlensäure in der Bodenluft ein, die um so schwächer wird, je dichter das Bariumkarbonathäutchen auf der Flüssigkeit wird und die Absorption erschwert.

Es ist also nicht angängig, ohne weiteres die nach den beiden Verfahren erhaltenen Werte miteinander zu vergleichen. Man darf nicht einmal die Zahlen, die nach Lundegårdhs erstem Verfahren in verschieden langer Zeit oder nach seinem zweiten Verfahren in verschieden langer Zeit erhalten und dann auf die Zeiteinheit bezogen wurden, einander gleich setzen.

Auch sind die Größen, die bei den verschiedenen Versuchen gefunden werden, keine absoluten. Infolge der veränderten, nicht mehr der Natur entsprechenden Verhältnisse erhält man stets Werte, die nur relative sind, d. h. nur verglichen werden dürfen mit Werten, die unter den gleichen Versuchsbedingungen sich ergeben haben. Diesen wichtigen Gesichtspunkt betont Lundegårdh nicht.

Bei Versuchen mit verschiedenen Düngern und Düngergemischen stellt Lundegårdh fest, daß nicht nur organischer Dünger, sondern auch anorganischer Dünger auf den Gehalt der CO_2 in der Bodenluft und in der Luft in der mittleren Höhe der Blätter und auf die Bodenatmung große Bedeutung haben (Versuche mit Hafer, Kartoffeln und Kohl). Dabei stellt er fest, daß bei den gleichen Bodenverhältnissen die Kurven des Bodenluft-CO_2-Gehalts, der Bodenatmung und des Feldluft-CO_2-Gehalts auffallend parallel verlaufen. Die Bodenkohlensäurekurve besitzt naturgemäß eine größere

Amplitude als die der Feld-CO_2, da die Diffusion in der atmosphärischen Luft ausgleichend wirkt.

Lundgårdhs Ergebnisse widersprechen der Vermutung, daß der Wind eine sehr energische Umrührung der Bodenluft mit sich bringt. „Es besteht überhaupt keine Korrelation zwischen Windgeschwindigkeit und CO_2-Gehalt (im Boden)." „Einen großen Einfluß auf die CO_2-Produktion des Bodens haben Temperatur und Bodenfeuchtigkeit. Die Versuche ergaben einen im Großen und Ganzen ähnlichen Verlauf der Temperatur- und der atmospärischen Luftkohlensäurekurven." „Die Kohlensäureanalysen haben also eine neue indirekte Wirkung des Regens enthüllt. Bei mangelnder Bodenfeuchtigkeit leiden die Pflanzen an CO_2-Hunger. Ein guter Regen kann dagegen eine Erhöhung der lokalen CO_2-Menge um 40% mit sich bringen. Zum Teil beruht dies auf der Anregung der Tätigkeit der Bakterien und Pilze, zum Teil hat das Wasser eine rein physikalische Wirkung, indem es die an den Bodenpartikeln adsorptiv gebundene und in den Hohlräumen eingeschlossene Kohlensäure heraustreibt."

Lundegårdh fordert, daß bei wissenschaftlich kontrollierten Düngungsversuchen in Zukunft der Kohlensäurefaktor nicht wie bisher vernachlässigt werden dürfe.

5. Fremde Messungen der Kohlensäure im Walde.

Im Gegensatz zu den vielen Bestimmungen der Kohlensäure in und über landwirtschaftlich genütztem Boden liegen für den Wald nur recht wenige vor. Es ist eigentlich nur Ebermayer, der sich, außer Lundegårdh in der jüngsten Zeit, mit den Kohlensäureverhältnissen im Walde eingehend beschäftigt hat. Ebermayer (8) will in seinen Untersuchungen zeigen, daß die Pflanzen niemals an CO_2 Mangel hätten, und daß selbst in den schönsten Waldungen mit vorzüglichem Baumwuchs der Kohlensäuregehalt der Waldluft nicht größer ist als in schlechtwüchsigen Beständen.

Er hat die beiden v. Pettenkoferschen Methoden nebeneinander angewendet und dabei gefunden, daß die Flaschenmethode wesentlich höhere Werte als die Absorptionsmethode ergibt. Es wurde daher später nur nach der letzteren gearbeitet.

Die Messungen des Kohlensäuregehalts der Waldluft wurden alle $1\frac{1}{2}$—2 m über dem Boden ausgeführt. Das Gesamtergebnis ist ein Mittel von 0,0329% gegen 0,0318% in der freien Luft.

Auch bei gleichen oder gleichartigen Beständen ergaben sich große Schwankungen, welche sogar mehr als 50% in 14 Tagen betragen können. Nachstehend einige von Ebermayers Zahlen:

Tabelle 1. Ebermayers Untersuchungen nach Holzart und Alter geordnet.

Holzart	Alter	Mittel % CO_2	Max. %	Alter	Min. %	Alter
Fichte	bis 35	0,0330 aus 29 Unterf.	0,0413	30	0,0275	30 (derf. Bestand)
„	40—75	0,0319 „ 29 „	0,0410	60	0,0265	60 (derf. Bestand)
„	80 u. m.	0,0275 „ 3 „				
Buche	bis 35	0,0473 „ 4 „	0,0549 (0,0536)	12 (20)	0,0368	25
„	40 u. m.	0,0363 „ 8 „	0,0487	50	0,0272	80
Bu.=Fi.		0,0375 „ 3 „				

Leider ist es nicht möglich, aus diesen recht umfangreichen Untersuchungen feste Schlüsse zu ziehen, da jegliche näheren Angaben fehlen über die äußeren Bedingungen, unter denen die Bestimmungen ausgeführt sind. Es wäre wünschenswert gewesen, daß den Tabellen beigefügt worden wären genaue Aufzeichnungen über den Bestand, seine Lage und seinen Schluß, über den Bodenzustand und die Art und Mächtigkeit der Bodendecke und über die Witterung, Wärme, Regen und besonders über die Windverhältnisse.

Übereinstimmend ergibt sich aber, daß mit zunehmendem Alter der CO_2-Gehalt abnimmt. Bei Buchen wurden die höchsten Werte mit 0,0549% und 0,0536% in den jüngsten untersuchten, sehr dichten Beständen von 12 bzw. 20 Jahren, der niedrigste mit 0,0272% in dem ältesten, 80jährigen Bestand gefunden. Der niedrigste aller Werte, 0,0269%, ergab sich in einem 125jährigen Fichtenbestand. Das dürfte eine Folge des größeren oder geringeren Schlusses sein; je älter ein Bestand ist, um so eher kann der Wind die vom Boden entwickelte Kohlensäure entführen. Ebermayer sagt: „Diesen Untersuchungen zur Folge hat auf den Kohlensäuregehalt der Waldluft in erster Linie der Grad des Bestandesschlusses, d. h. der stärkere oder schwächere Luftwechsel, Einfluß; ebenso fand sich häufig in muldenförmigen Vertiefungen, in geschlossenen Taleinschnitten, wo der Luftwechsel erschwert ist, mehr Kohlensäure als an Berghängen oder an freien, dem Winde exponierten Lagen." Ferner geht aus den Analysen hervor, daß in Buchenwaldungen die Luft wegen der reichlicheren Humusdecke oft kohlensäurereicher ist als in Nadel= hölzern mit starker Moosdecke.

Es scheint mir keineswegs berechtigt, daß Ebermayer aus seinen Untersuchungen den Schluß zieht, daß die Kohlensäure zu denjenigen Pflanzennährstoffen gehört, welche stets im Überschuß vorhanden sind und deren Menge daher für die Produktionsleistung der Bäume ohne Belang ist. Es ist nicht angängig, die Menge der den Blättern oder Nadeln zur Verfügung gestellten Kohlensäure mit dem Gehalt der Luft unter dem Kronendach gleichzusetzen. Denn dieselbe vom Boden produzierte CO_2=Menge kann in kurzer oder in längerer Zeit an den Assimilationsorganen vorbeistreichen. Im ersteren Falle ist der Gehalt in der Luft ein niedrigerer als im zweiten. Es ist also nur diejenige CO_2=Menge die entscheidende, welche vom Boden in der Zeiteinheit abgegeben wird. Auf diese aus dem Gehalt der Waldluft zurückzuschließen, ist sehr gewagt; denn eine Schätzung der anderen die Waldluft mitbestimmenden Einflüsse, besonders des Windes, ist nicht möglich.

Kurz erwähnt werden sollen Bestimmungen von Albert (2), der im Rahmen umfassender Untersuchungen über die physikalischen

Tabelle 2. Lundegårdhs Bestimmungen der Bodenatmung.

Zeit	Platz	Witterungs= bedingungen	g CO_2 pro 1 qm Boden in 24 Stunden
25./8. 10 vorm.	Strand, Sandalgen	Sonnenschein, 18° im Schatten	2,78
1./10. 10 vorm.	Strand, Sandalgen	Sonnenschein, 18° im Schatten	2,73
12./8.9½ vorm.	Erlensumpf, Circea	schlechtes, trübes Wetter, 15°	4,03
11./8. 12 mitt.	Erlensumpf, trockene Stelle, Oxalis	trübes Wetter	4,90
12./8. 12 mitt.	Erlensumpf, trockene Stelle, Oxalis	16°	5,57
21./8. 12 mitt.	Erlensumpf, trockene Stelle, Oxalis	15°	6,00
21./8. 12 mitt.	Erlensumpf, nackter Boden, Carex vesicaria Peucedanum	16°	5,14
31./8. 1 nachm.	Buchenwald keine Bodenflora	15,5°	{ 8,40 { 9,02
31./8. 5 nachm.	Seetange am Strand	Sonnenschein, 15°	8,45
31./8. 8 nachm.	Seetange am Strand	15°	12,67

und chemischen Eigenschaften von Heideböden die Gärungsintensität der Böden durch Dextrosespaltung und die Fäulniskraft durch Peptonspaltung festgestellt hat. Diese Methoden gestatten einen Vergleich der kohlensäure- bzw. ammoniakabspaltenden Bakterien in verschiedenen Böden. Ob tatsächlich in der Natur infolge der vielen mitbestimmenden Faktoren die Produktion an CO_2 bzw. NH_3 proportional den Laboratoriumsversuchen verläuft, ist jedoch nicht nachgewiesen.

Lundegårdh hat wie auf dem Feld auch im Walde die CO_2-Produktion bestimmt. Seine Ergebnisse sind aus vorstehender Tabelle 2 zu ersehen.

Die Ergebnisse zeigen die verschiedene CO_2-Produktion, welche, was weiter nicht überraschen kann, am schwächsten auf reinem Sand-

Tabelle 3. Lundegårdhs Bestimmungen des CO_2-Gehalts der Waldluft.

Zeit	Platz	% CO_2 in der Luft	Witterung
16./8. 8 nachm.	Oxalis, Scutellaria, Viola pallustris gemischt	0,054	Windstöße vom Strand her, Sonnenschein.
28./8. 12 mitt.	Farne	0,041	Windstöße vom Strand her, Sonnenschein.
29./8. 12 mitt.	"	0,039	Wind.
2./9. 9 vorm. bis 3 nachm.	Farne und Oxalis	0,0655	stilles Wetter.
2./9. 3-10 nachm.	"	0,034	Windstöße
3./9. 9 vorm. bis 5 nachm.	"	0,049	"
2./9.	"	0,0325	"
3./9.	"	0,037	"
3./9.	" *)	0,0365	"
30./8. 6-10 nachm.	Melandrium	0,033	"
30./8. 8-10 vorm.	" **)	0,037	stilles Wetter
31./8. 6-10 nachm.	Buchenwald nahe dem Strande	0,0415	"
1./9. 9 vorm. bis 2 nachm.	Buchenwald nahe dem Strande	0,039	"
1./9. 3-5 nachm.	Buchenwald nahe dem Strande	0,041	"
2./9.	Rand d. Erlensumpfs *)	0,0295	"

Die Luft wurde von der Oberfläche des Bodens gesogen, nur bei den mit *) bezeichneten Versuchen 1,2 m, bei dem mit **) bezeichneten 2 m über dem Boden entnommen.

boden ist. Auffallend hoch ist sie im Buchenwaldmoder, der locker, gut durchlüftet, von fallenden Blättern bedeckt und durch hohe Bakterientätigkeit ausgezeichnet ist. Am größten ist sie in sich zersetzendem Seetang am Strande.

Einige Bestimmungen des CO_2=Gehaltes der Waldluft sind aus der Tabelle 3 zu ersehen.

Seine Untersuchungen faßt Lundegårdh zusammen in folgende Sätze:

1. Die CO_2=Produktion des Bodens erreicht während der Vegetationsperioden beträchtliche Mengen.

2. Im Walde ist im Bezug auf die CO_2=Produktion des Bodens die Luft an Kohlensäure reich, besonders nahe am Boden, wo krautartige Pflanzen leben. Die CO_2=Konzentration mag hier auf mehr als das Doppelte der normalen steigen. Diese erhöhte CO_2=Zufuhr ist eine wichtige Vorbedingung für die Existenz einer Schattenflora.

3. Die Temperaturbedingungen, welche im Wald überwiegen, sowohl wie die Feuchtigkeit und der Schutz vor dem Wind sind günstig für einen anatomischen Pflanzenbau, welcher eine Ausnutzung des Lichtes auf das äußerste mögliche Maß gestattet.

Lundegårdh schließt daran eine Berechnung über die absoluten CO_2=Mengen, welche vom Boden her in die Luft hinein gelangen, die sich auf seine Bestimmungen stützt. Angenommen eine durchschnittliche Produktion von 1 mg pro 50 qcm pro Stunde, macht das für 1 ha 2 kg, in 24 Stunden 48 kg (scheint mir zu gering, Vf.), in 3 Monaten 4320 kg = 2160000 l CO_2. Gemäß der Berechnung von Ebermayer speichert ein Wald von 1 ha jährlich 3000 kg Kohlenstoff auf, welche 11000 kg Kohlendioxyd entsprechen. Wenn die Assimilationsperiode als etwa $4^1/_2$ Monate angenommen wird, dann ist danach in 3 Monaten produziert $^2/_3$. 11000 = 7300 kg CO_2. Von dieser Menge liefert der Boden 4320 = etwa 60%.

Diese Berechnung geht von einem zu niedrigen Wert der Bodenatmung aus. Man vergleiche damit meine Berechnungen S. 57 und S. 122.

6. Anschauungen Anderer über die Kohlensäure im Walde.

An der Frage der Kohlensäure im Walde haben viele, die über waldbauliche Fragen schrieben, nicht vorbeigehen können. Es wird natürlich in der forstlichen Literatur in einer Fülle von Abhandlungen auch der Einfluß der Kohlensäure als Nährstoff für den

Aufbau des Holzes gestreift, aber mit wenigen Ausnahmen wird ihr nicht die gebührende Beachtung geschenkt.

Fast alle Wissenschaftler und Praktiker gehen von der schon aufgeführten Berechnung Heidens aus, daß in der atmosphärischen Luft ein gewaltiger Überschuß an CO_2 vorhanden wäre, so daß an diesem Nährstoff niemals Mangel eintreten könne. Ferner stützen sie sich auf den von Ebermayer aus seinen Untersuchungen abgeleiteten Schluß, daß selbst in den schönsten Waldungen mit vorzüglichem Baumwuchs der Kohlensäuregehalt der Waldluft nicht größer ist als in schlechtwüchsigen Beständen, und daß die Kohlensäure zu denjenigen Nährstoffen gehört, welche stets im Überschuß vorhanden ist. Daß diese Folgerungen aus Ebermayers Bestimmungen zu ziehen, zum mindesten gewagt, wenn nicht gar unrichtig ist, ist im vorstehenden schon ausgeführt. Überdies sind viele von dem Gedanken gänzlich beherrscht, daß ein anderer Lebensfaktor den Ausschlag für die Leistung eines Bestandes gäbe. Einige denken dabei nur an das Wasser, andere nur an den Mineralstoffgehalt des Bodens oder nur an den Stickstoffgehalt, wie dies gerade in der letzten Zeit sehr viel der Fall ist. Sie berücksichtigen also nicht, daß das Zusammenwirken mehrerer Faktoren erst die Menge der Holzbildung bestimmt. Daß unter diesen die Kohlenstofferntährung mit an erster Stelle stehen muß, ist ja eine in der letzten Zeit exakt bewiesene Tatsache.

Sich mit all diesen Abhandlungen zu befassen, sie aufzuzählen und zu widerlegen, ist nicht möglich und fällt weit aus dem Rahmen dieser Arbeit heraus. Zudem bringen sie keine neuen Gesichtspunkte, und selbst die in der letzten Zeit erschienenen Aufsätze, die zum Teil durch Zusammenfassen älterer Artikel entstanden sind, sind meist nicht geeignet, nach der einen oder anderen Seite hin das forstliche Wissen zu bereichern. Denn beachtliche, wirklich neue Gedanken werfen sie nicht in die Debatte.

Nur zu einem Artikel Rubners (41) möchte ich Stellung nehmen, der eine Zusammenfassung neuerer Kohlensäureliteratur bringt. Rubner nimmt an, daß die CO_2 nur für niedrigen Jungwuchs Bedeutung habe, nicht für höheren Altbestand. Er sagt dann: „Entschieden zu weit in ihrem Wunderglauben, wie Kreutzer sich ausdrückt, gehen meines Erachtens Hornschu und Meinecke; letzterer ist der Meinung, daß die Höchstzuwachsleistung der Waldbäume erst dann erreicht werde, wenn die zu ihrer Ernährung verfügbare Menge

CO_2 größer ist als die Luft-CO_2, was er in der Waldwirtschaft durch Erhaltung und Erschließung der natürlichen Kohlensäure und Zufuhr von CO_2 auf künstlichem Wege für möglich hält. Es ist kaum notwendig, diese unbegründete Hypothese zu widerlegen; aus dem Vorhergehenden geht deutlich hervor, daß eine Analogie mit der Landwirtschaft, die niedere Gewächse züchtet, nicht besteht." Weshalb Waldbäume nicht auch wie jede andere Pflanze für eine erhöhte CO_2-Zufuhr dankbar sein sollen, ist mir nicht erfindlich. Denn auch in einem Altholzbestand muß eine am Boden entstehende größere CO_2-Menge vor ihrem Austausch mit der atmosphärischen Luft über den Bäumen einmal in die Zone der Blätter und Nadeln kommen. Mir erscheint daher Rubners schroffe Ablehnung der Kohlensäuredüngung im Walde nicht begründet.

In dem von Rubner angezogenen Artikel Kreutzers (22) spricht dieser von falschverstandener Formel von Stärkebildung und stellt eine Wachstumsförderung durch Kohlensäure gänzlich in Abrede. Für die Entwicklung der Pflanze sei allein der Turgor bestimmend, die Resultante aus Wasserbilanz und Bodenernährung; auf die letzteren wäre allein Liebigs Gesetz des begrenzenden Minimums anwendbar, nicht auf die CO_2. Wenn man das Liebigsche Gesetz überhaupt für den physiologischen Ernährungsvorgang gelten lassen will, so muß man es schon auf alle Nährstoffe, zu denen als einer der wichtigsten auch die Kohlensäure gehört, anwenden. Exakter als es geschehen ist, kann eine Wachstumssteigerung durch Kohlensäurezufuhr nicht nachgewiesen werden. Es ist nicht zu verstehen, wie Kreutzer diese in Abrede zu stellen versucht und dann vom „Wunderglauben" anderer spricht.

Es soll aber nicht verkannt werden, daß auch eine Reihe von in der Praxis stehenden Forstleuten der Kohlensäure einen größeren Einfluß zugeschrieben haben, als es gleichzeitig die Vertreter der Wissenschaft getan haben. Ich nenne von älteren z. B. Forstmeister Wagener, der in seinem Waldbau die Unterschiede der Produktionsgrößen verschiedener Bodenarten nicht ihrem größeren oder geringeren Nährstoffgehalte zuschreibt, sondern sie allein in dem verschiedenen Feuchtigkeitsgrade und in der Menge der Kohlensäure sieht, welche aus der Grundluft eines humusreichen, lockeren Bodens in die Waldluft aufsteigt und durch die Blätter der Krone zieht.

Nachdem die Erfolge der Landwirte in neuester Zeit mit einer Kohlensäuredüngung bekannt geworden waren, hat Dr. Meinecke

der Ältere im Juni 1921 in einem Vortrage (28 S. 750) die Forde=
rung aufgestellt, daß die Kohlensäure in ganz anderem Umfange
als bisher auch von der Forstwirtschaft beachtet werden müsse, daß
Versuche mit Kohlensäure angestellt werden, um den Zuwachs in
den Wäldern zu steigern. Er stellt im Gegensatz zu der Heidenschen
und Ebermayerschen Theorie die Hypothese auf: „Die Höchst=
zuwachsleistung der Waldbäume wird erst dann erreicht, wenn die
zu ihrer Ernährung verfügbare Menge (= Konzentration) Kohlen=
säure größer ist als die Luftkohlensäure." Er spricht die Vermutung
aus, daß die überraschenden Erfolge in Bärenthoren in der Haupt=
sache auf einer unbewußten Förderung der Kohlensäureerzeugung
beruhen.

Fast gleichzeitig hat auch Hornschu (18) dem Gedanken Ausdruck
gegeben, daß die Erfolge der Reisigdüngung in Bärenthoren in einer
Düngung durch Kohlensäure begründet seien. Auf die Kohlensäure=
düngung Hornschus im Pflanzgarten ist schon hingewiesen worden.

Oelkers (32) nimmt die Gedanken der Kohlensäuredüngung im
Walde auf; er knüpft daran Vorschläge, durch waldbauliche Maß=
nahmen die Kohlensäuredüngung zu vermehren. Interessant ist eine
Studie über die Menge der Kohlensäure, die zur Bildung des jähr=
lichen Zuwachses eines 45jährigen Kiefernbestandes dritter Bonität
erforderlich sind. Er berechnet 3600 kg CO_2, die in rund 6 Millionen
Kubikmeter Luft = dem 50fachen des Bestandesvolumens enthalten
sind. Diese Menge dürfte aber zu gering sein; denn es ist nicht die
Menge der Assimilate in Rechnung gezogen, welche zur Bildung von
Nichtderbholz, also von neuen Nadeln, Zweigen, jüngeren Ästen und
des Zuwachses des unterirdischen Pflanzenkörpers verbraucht werden,
und derjenigen, welche durch die Atmung der Pflanzen wieder auf=
gezehrt werden. Danach dürfte reichlich das Doppelte erforder=
lich sein.

Wichtig scheint mir noch eine Arbeit Hartmanns (13) zu sein,
der mit Entschiedenheit darauf hinweist, daß das Ziel einer ratio=
nellen Wirtschaftsführung sein müsse, den Kohlenstoffkreislauf mög=
lichst zu vergrößern und die Nachhaltigkeit des Kreislaufes im Wege
der stetigen Erhaltung des Waldorganismus zu suchen. Denn ein
gutes Wachstum sei von einem möglichst rationellen Nährstoffkreis=
lauf, wenigstens soweit es den Wald betrifft, abhängig. Es seien
demnach Wachstumsgröße und Nährstoffkreislauf zueinander direkt
proportional.

Alle diese Ausführungen beruhen auf theoretischen Überlegungen. Denn über die natürlichen Verhältnisse im Wald in Bezug auf den Kohlenstoffhaushalt ist herzlich wenig zahlenmäßig bekannt. Meine Bestimmungen sollen die wissenschaftlich exakten Grundlagen zu geben helfen, auf denen weitergebaut werden kann.

Meine Versuche.

Meine Versuche sind unternommen, um über die Bodenatmung, d. i. die CO_2-Abgabe des Bodens, und ihre Bedeutung für die Kohlenstoffernährung des Waldes ein einigermaßen klares Bild zu bekommen, was nur durch möglichst zahlreiche Bestimmungen unter den verschiedensten Verhältnissen erreicht werden kann. Daneben sollten einige widersprechende Angaben über den Kohlensäuregehalt der Waldluft und den Einfluß des Windes darauf nachgeprüft werden.

7. Bestimmungen des CO_2-Gehaltes in der Waldluft.

Es galt, diejenigen Angaben in der Literatur, welche den Gehalt der Waldluft an Kohlensäure teils als erheblich höher, teils dagegen als im wesentlichen mit der freien Luft übereinstimmend bezeichnen, einer Nachprüfung zu unterziehen. Dabei war der größte Wert auf die zur Zeit des Versuches herrschenden Witterungsbedingungen zu legen, und es mußten vergleichende Messungen in verschiedenen Höhen über dem Boden vorgenommen werden. Ferner sollte der Einfluß des Windes festgestellt werden, über den die Meinungen sehr geteilt sind. Sagt doch z. B. Reinau (36 S. 117), daß für die Waldbäume die Windgeschwindigkeit mit Rücksicht auf die Deckung des CO_2-Bedarfs wohl unwesentlich ist.

Für meine Bestimmungen benutzte ich die Pettenkofersche Absorptionsmethode. In einer Flasche wurden durch Ausfließenlassen von 6 l Wasser innerhalb von 4 Stunden die gleiche Menge Luft eingesogen. Diese hatte vorher zwei hintereinandergeschaltete, je 50 cm lange Absorptionsröhren in kleinen Bläschen passieren müssen, die mit je 150 ccm genau eingestellter Barytlösung gefüllt waren. Dabei wird die in der Luft enthaltene CO_2 als unlösliches Bariumkarbonat gebunden. Es erwies sich als unbedingt erforderlich, zwei Absorptionsröhren zu verwenden, da selbst bei so langsamem Durchsaugen in der ersten Röhre 10—20% CO_2 zu wenig gebunden wurden. Durch Titrieren mit $^1/_{10}$-normal-Salzsäure wurde unter Verwendung von Phenolphthalein als Indikator die in 1 l der untersuchten Luft enthaltene Menge CO_2 bestimmt. Leider fehlte es mir an einem Apparat, um die Windgeschwindigkeit zu messen; dieser ist während der Versuche im Walde nur als ganz schwache Luftbewegung zu merken gewesen.

Diese Bestimmungen wurden in dem auf S. 38 beschriebenen 24jährigen Fichtenbestand vorgenommen, in nächster Nähe der Probestellen II A—C. Sie sind auf der Tabelle 4 zusammengestellt.

Tabelle 4.   Bestimmungen des CO_2-Gehalts der Waldluft 1923.

Nr.	Tag und Stunde	Höhe über dem Boden	Witterung	Durchschnittstemperatur während des Versuches	Vol.-Proz. CO_2	Bodenatmung. gCO_2 des Stangenbestverfuches
1.	4. 5. 10 vorm. bis 2 nachm.	10 cm über dem Boden	Sonnenschein, **vollständig windstill**	19°	0,294	8,4
2.	1. 6. 9 vorm. bis 1 nachm.	1 m über dem Boden	Sonnenschein, **sehr geringer Wind**	18°	0,072	}9,0
3.	1. 6. 2 nachm. bis 6 nachm.	10 cm über dem Boden	Sonnenschein **etwas mehr Wind**	18°	0,051	
4.	2. 6. 9 vorm. bis 1 nachm.	6 m über dem Boden im unteren Drittel der Baumkronen	trüb, **etwas Wind**	14°	0,041	}11,3
5.	2. 6. 1^{30} bis 5^{20} nachm.	1 m über dem Boden	trüb, **stärkerer Wind**	14°	0,0405	
6.	3. 6. 10 vorm. bis 2 nachm.	1 m über dem Boden	sanfter Regen, **fast windstill**	10°	0,045	11,9
7.	5. 6. 9 nachm. bis 1 nachts	1 m über dem Boden	**fast windstill**	5°	0,062	11,8
8.	6. 6. 6 nachm. bis 9 nachts	10 cm über dem Boden	leichter Regen, **windstill**	8°	0,068	—
9.	7. 6. 10 vorm. bis 1 nachm.	1 m über dem Boden	trüb, **etwas Wind**	12°	0,053	12,4

Den höchsten CO_2-Gehalt ergeben die Bestimmungen 1, 3 und 8, bei welchen die Luft 10 cm über dem Boden untersucht wurde. Der

Durchschnitt aus diesen liegt wesentlich höher als derjenige aus den Bestimmungen 2, 5—7 und 9, für die die Luft aus einer Höhe von 1 m über dem Boden entnommen wurde. Verhältnismäßig, wenn auch nicht absolut, am niedrigsten liegt der Wert der Bestimmung in 6 m Höhe.

Der Einfluß des Windes ist sehr erheblich, obgleich vom Wind während der Bestimmungen niemals mehr als ein schwacher Hauch im Walde wahrgenommen wurde. Von den drei Bestimmungen, die in 10 cm Höhe vorgenommen wurden, zeigt Nr. 1 bei klarem Wetter und völliger Windstille den sehr hohen Gehalt von 0,294 % mg; das ist das Zehnfache der sonst in der Luft enthaltenen CO_2-Menge (0,03%). Bei Versuch Nr. 8, ebenfalls bei Windstille, aber bei leichtem Regen, ist der Gehalt immer noch ziemlich hoch; durch das die obere Bodenschicht befeuchtende Wasser ist sicher eine größere Menge CO_2, die in Wasser verhältnismäßig reichlich löslich ist, in Lösung gehalten, und deshalb ist wohl der Gehalt der Luft eben über dem Boden niedriger als bei Nr. 1. Versuch 3 zeigt, daß ein geringer Wind den Gehalt der Luft sogar dicht über dem Boden wesentlich beeinflußt hat.

Von den in 1 m Höhe vorgenommenen Bestimmungen ergibt Nr. 2 bei Sonnenschein und sehr geringem Wind den höchsten Gehalt, etwa 240% des durchschnittlich in der Luft gefundenen Gehaltes. Es folgt Versuch 9 bei trübem Wetter und etwas Wind, darauf Nr. 6 bei nahezu Windstille und sanftem Regen, der wegen der Löslichkeit der CO_2 im Wasser den Gehalt der Luft beeinflußt, und zuletzt Nr. 5 bei trübem Wetter, aber stärkerem Wind. Die Bestimmung Nr. 7 wurde in der Nacht vorgenommen bei sehr windstillem Wetter. Für den im Vergleich zu Nr. 2 etwas geringeren CO_2-Gehalt dürfte die bei der niedrigen Temperatur in der Nacht sehr viel geringere Tätigkeit der Zersetzungsbakterien in der Streu bestimmend gewesen sein. Da wegen Fehlens des Sonnenlichts die Assimilation, also der CO_2-Verbrauch in den Blättern sehr weitgehend herabgedrückt wird, wäre bei gleicher Temperatur eher ein etwas höherer Gehalt zu erwarten gewesen.

Der Versuch Nr. 6, der bei trübem Wetter und etwas Wind die Luft in 6 m Höhe zwischen den grünen assimilierenden Fichtenzweigen anzeigt, beweist, daß eine Anreicherung an CO_2 in der atmosphärischen Luft bei günstigen Bedingungen in größere Höhen hinaufreicht. Der Gehalt wäre wahrscheinlich ein noch höherer, wenn nicht schon ein Teil der CO_2 von den tieferstehenden Zweigen verbraucht worden wäre. Der Versuch entkräftet den Einwand gegen die Kohlensäuretheorien, daß eine Vermehrung der CO_2 nur durch die dicht über dem Erdboden assimilierenden Blätter und Nadeln ausgenützt werden könnte, für ältere Bestände aber ohne Bedeutung sei. Es sind sicherlich alle diejenigen waldbaulichen Momente, die eine rasche Diffusion in den Beständen verhindern, also Windschutz gewähren, dabei von größter Wichtigkeit. Daß die Bestimmung Nr. 5 vom gleichen Tage den gleichen, aber keinen höheren CO_2-Gehalt in einer Höhe von 1 m anzeigt, erklärt sich leicht dadurch, daß sich zur Zeit des zweiten Versuches ein stärkerer Wind aufgemacht hat. Zur Zeit des ersten Versuchs ist sicherlich der Gehalt in 1 m Höhe höher gewesen als 0,041%.

Zweier Versuche nach dem bei der Bestimmung der Bodenatmung üblichen Verfahren, das später beschrieben ist, muß gleich hier Erwähnung getan werden. Es sollte festgestellt werden, ob die direkt über dem Erdboden in einer Schale mit Kalilauge aufgefangene Menge CO_2 eine größere ist als diejenige, welche gleichzeitig auf die gleiche Weise in einer Höhe von 3 m absorbiert wird. Tatsächlich zeigte sich, daß am Boden 15,0 g, 3 m über demselben in der gleichen Zeit 13,8 g CO_2 aufgefangen wurden. Es ist das ein, wenn auch ein verhältnismäßig roher Beweis dafür, daß der CO_2-Gehalt in der Nähe des Bodens größer ist als in einiger Höhe.

Durch diese Bestimmungen des CO_2-Gehaltes in der Waldluft ist also die Wahrnehmung anderer Forscher bestätigt worden, daß der Gehalt in der Nähe des Erdbodens bei weitem der höchste ist. Ich fand bis zur 10fachen Menge des Normalen. Nach oben hin nimmt er, wenn auch weniger rasch, als allgemein angenommen wird, ab. Ich fand ihn stets beträchtlich höher, als er im Durchschnitt im Freien beträgt. Der Einfluß des Windes kann gar nicht hoch genug eingeschätzt werden, und auf ihn wird die Praxis des Forstmannes, der von der Bedeutung der Kohlenstoffernährung für seinen Wald überzeugt ist, sich in erheblichem Maße einzustellen haben. Der Einwirkung des Windes gegenüber treten vermutlich die anderen Faktoren, wie Regen, Temperatur, Licht, Menge der vom Boden abgegebenen Kohlensäure, welche ebenfalls den CO_2-Gehalt der Waldluft beeinflussen, entschieden in den Hintergrund. Eine direkte Abhängigkeit zwischen den Werten der Bodenatmung und der Kohlensäuremenge in der Luft ließ sich nicht auffinden.

8. Bestimmungen der Bodenatmung.

Mein Verfahren.

In enger Anlehnung an Bornemanns Verfahren (s. S. 11) und nach Rücksprache mit diesem habe ich meine Apparate zusammengestellt. Diese haben im Laufe der Zeit verschiedene Umgestaltungen und Verbesserungen erfahren.

Vom Klempner wurden aus starkem Zinkblech 9 Hohlzylinder von 21 cm lichtem Durchmesser und 18 cm Höhe angefertigt. 2 cm unter dem oberen Rand war von außen eine $1^1/_2$ cm breite und 2 cm hohe Rinne aufgelötet. Diese Zylinder werden nach Auswahl geeigneter Stellen im Walde genau senkrecht auf den Boden gesetzt, mit einem Brett leicht heruntergedrückt und langsam in die Erde gepreßt, wobei mit einem Messer oder Stemmeisen an der Außenseite vorsichtig schneidend oder stoßend der Platz für den Zylinderrand von Hindernissen, wie trockenen Zweigen, Blättern, dünnen Wurzeln, kleinen Steinen usw., frei gemacht wird. Auf diese Weise, bei der auf Erhaltung der natürlichen Lagerung des Bodenüberzugs und der oberen Erdschichten große Sorgfalt verwendet wird, werden die Zylinder 15 cm tief in die Erde gedrückt (vgl. Abb. 1).

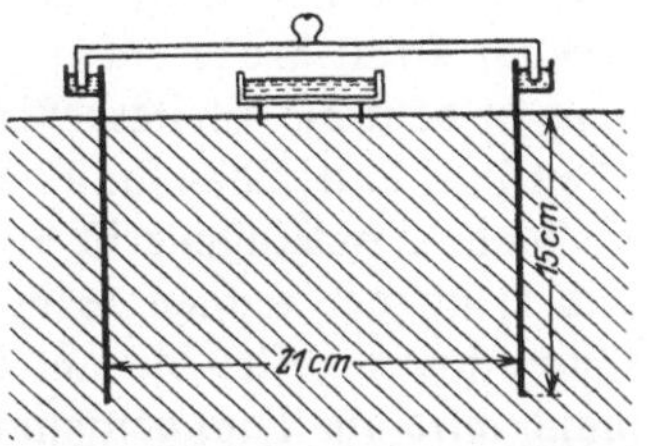

Abb. 1. Apparat zur Bestimmung der Bodenatmung.

Nach einigen Tagen, während welcher sich die in ihrer Lebensäußerung beim Eindringen des Zylinders doch wohl etwas gestörte Kleinlebewelt erholen soll, wird auf einem dreibeinigen, aus Draht gefertigtem Gestell innerhalb des aus dem Boden herausragenden Ringes eine flache Glasschale von 10 cm lichtem Durchmesser und 2 cm Höhe aufgestellt. In diese werden 25—50 ccm einer 5%igen Kalilauge gegossen, welche durch Zusatz von etwas Bariumhydroxyd gänzlich kohlensäurefrei gehalten wird. Kleine Mengen Kohlensäure, die beim Öffnen des Gummistopfens in die Aufbewahrungsflasche kommen, scheiden sich sofort als unlösliches Bariumkarbonat am Boden ab.

In die Rinne am Rand des Zylinders wird etwas Wasser gegossen, und dann wird eine genau hineinpassende Glocke aus starkem Glase von 22 cm lichter Weite und mit etwa 3 cm hohem senkrechtem Rand darauf gesetzt. Hierbei wird darauf geachtet, daß sich nicht etwa Grashalme oder Nadeln dazwischen setzen. Es wird hierdurch ein unbedingt luftdichter Verschluß erzielt, also vermieden, daß CO_2 aus der umgebenden Luft unter die Glocke und in die Kalilauge gerät.

Die dem Boden entströmende Kohlensäure (Kohlensäureanhydrid, CO_2) verbindet sich mit dem in der Kalilauge in der Schale befindlichen Kaliumhydroxyd unter Bildung von Wasser zu Kaliumkarbonat.

$$CO_2 + 2KOH = K_2CO_3 + H_2O.$$

Kaliumkarbonat ist im Wasser leicht löslich und scheidet sich nicht ab.

Die Versuche werden morgens um 8 Uhr begonnen und am nächsten Morgen um die gleiche Zeit abgebrochen. Die Schalen werden dann mit einem aufgeschliffenen Glasdeckel verschlossen und zur Weiterbehandlung ins Haus gebracht.

Nach Prof. Bornemanns Anleitung ist ein Kasten erbaut worden, in dem die Weiterbehandlung unter Abschluß der atmosphärischen Luft stattfinden kann. Die Vorderwand des 40 cm im Quadrat messenden Holzkastens ist durch eine herausziehbare Glasplatte gebildet; an der rechten Seite befindet sich eine Öffnung mit einer Gummimanschette, die am Arm dicht abschließt. Vor der Hinterwand wird ein Tuch gespannt, das in eine darunter stehende Wanne mit Kalilauge getaucht ist; hierdurch wird alle im Kasten befindliche Kohlensäure absorbiert. Auf dem Kasten steht eine Spritzflasche, deren Spitze im Kasten beweglich ist und durch einen Quetschhahn geöffnet werden kann.

In diesen Kasten wird die Schale mit der Kalilauge aus der Glocke gesetzt. Nachdem alles sorgfältig verschlossen ist, werden in ein Becherglas 50—100 ccm (stets ein Überschuß erforderlich!) nahezu gesättigten etwa 5% Barytwassers gegossen, die Kalilauge dazu gefüllt und die Schale mit ausgekochtem kohlensäurefreien Wasser nachgespült. Es bildet sich Bariumkarbonat, das sich als weißer Niederschlag abscheidet:

$$Ba(OH)_2 + K_2CO_3 = BaCO_3 + 2KOH.$$

Das Bariumkarbonat wird nach mehrmaligem Dekantieren quantitativ auf ein Filter gebracht und mit Wasser mehrfach ausgewaschen.

Der Bariumkarbonatniederschlag auf dem Filter wird durch die Luftkohlensäure nicht mehr verändert und kann also aus dem Kasten herausgenommen werden. Er wird in einem Becherglas in 25 bis 100 ccm (je nach Bedarf) $^1/_2$-normal-Salzsäure gelöst und deren Überschuß mit $^1/_2$-normal-Kalilauge zurücktitriert, 2 Tropfen Methylorange als Indikator. Dadurch findet man, wieviel Kubikzentimeter $^1/_2$-normal-Salzsäure gerade eben ausgereicht hätten, um das Bariumkarbonat zu lösen. Da nach der Formel:

$$BaCO_3 + 2\,HCl = BaCl_2 + CO_2 + H_2O,$$

einem CO_2 zwei HCl entsprechen, so entspricht 1 ccm $^1/_1$-normal-Salzsäure einem halben Mol CO_2, 1 ccm $^1/_2$-normal-Salzsäure einem Viertel Mol, also 11 mg CO_2. Es läßt sich durch Multiplikation mit der Zahl der verbrauchten Kubikzentimeter $^1/_2$-normal-Salzsäure finden, wieviel Milligramm CO_2 von einer Kreisfläche mit dem Durchmesser 21 cm produziert sind. Daraus kann man wieder errechnen, wieviel Gramm CO_2 auf 1 qm entstehen.

Da sich bald herausstellte, daß es nicht möglich war, die mit dem Glasdeckel verschlossenen und mit Kalilauge gefüllten Schälchen zu transportieren, so mußte ihre Behandlung eine Umgestaltung, zugleich eine Verbesserung erfahren. Zu Hause werden jetzt in einen Erlenmeyer-Kolben von 250 ccm Inhalt 50—100 ccm Barytlösung gefüllt und mit gutschließendem Stopfen verschlossen. An Ort und Stelle des Versuchs wird die Kalilauge in dem Schälchen unter Benutzung eines Trichters zu der Barytlösung gefügt, das Schälchen mit Wasser gut ausgespült und der Kolben wieder verschlossen.

Da es schwierig war, aus dem Kolben das Bariumkarbonat auf das Filter zu bringen, wenn dies in dem Kasten zur Absperrung der Luftkohlensäure geschehen sollte, wurde dies reichlich unbequeme Verfahren verbessert und vereinfacht. Durch Benutzung einer schwachen Wasserstrahlluftpumpe wird das Filtrieren so beschleunigt, daß es an der Luft geschehen kann, wenn vom Niederschlag mehrfach mit warmem Wasser abdekantiert worden ist. Die hierbei sich bildende Menge Bariumkarbonat ist, wie durch Versuche festgestellt wurde, so gering, daß sie demnach ohne Bedeutung ist.

Ich glaube, die natürliche Lagerung des Bodens und damit die Lebensbedingungen der Bakterien so wenig einer Änderung unterworfen zu haben, wie das möglich ist. Trotzdem bin ich mir darüber im klaren, daß meine Zahlen nicht absolut genau die Mengen Kohlensäure angeben, die tatsächlich ohne den Versuch dem Boden entströmen. Wie schon bei der Würdigung des Lundegårdhschen

Verfahrens kurz gesagt wurde, entsteht über der Absorptionsflüssig=
keit eine Kohlensäurekonzentration von nahezu Null. Die dieser
Stelle zuströmende Kohlensäure wird sofort wieder absorbiert. Es
bildet sich also ein dauerndes Kohlensäuredruckgefälle aus der Boden=
luft zu der Glocke, das größer ist als das gewöhnliche. Denn der
Kohlensäuregehalt in der Atmosphäre geht im ungünstigsten Falle
nur unwesentlich unter 0,03% zurück. Während des Versuchs wird
also Kohlensäure aus dem Boden ausgesogen; die gefundenen Werte
müssen demnach stets etwas zu hoch sein. Nach verschiedenen älteren
Untersuchungen ist der CO_2=Gehalt der Luft im Boden dicht unter
der Oberfläche 10mal so hoch wie dicht über ihm. Das normale
Druckgefälle ist demnach 10 : 1, unter den Bedingungen des Ver=
suchs 10 : 0, also um 10% größer. Man kann also damit rechnen,
daß mein Verfahren die Werte der Bodenatmung um 10% zu hoch
angibt.

Auch die Absperrung vom Luftsauerstoff und vom Regen sowie
das Zurückhalten eines Teiles der Sonnenstrahlen sind Störungen
in dem natürlichen Zustand, die sich während der Dauer des Ver=
suchs nicht umgehen lassen. Es werden daher die Versuche an dem=
selben Platze so eingerichtet, daß zwischen zwei Versuchstagen immer
zwei Ruhetage liegen, an denen sich die natürlichen Verhältnisse
im Boden wieder herstellen sollen.

Trotz dieser genannten Mängel bin ich durchaus der Überzeugung,
daß die durch sie bedingten Abweichungen bei weitem geringer sind,
als sie sich bei irgendeinem anderen der mir bekannten Verfahren
einstellen. Einen absolut genauen Aufschluß über die natürlichen
Verhältnisse vermag keins zu geben. Wenn man exakte Vergleichs=
zahlen bekommen kann, so genügt das vollauf.

In der Praxis hat sich das Verfahren bei den 314 Bestimmungen,
die nach ihm ausgeführt wurden, gut bewährt. Ein sehr schätzens=
werter Vorteil vor allen anderen Arbeitsweisen ist der, daß zu ihrer
Durchführung ein Laboratorium nicht benötigt ist. Die Apparate
sind wenig empfindlich und können ohne große Schwierigkeiten
transportiert werden. Das Filtrieren, das Auswaschen und das
Titrieren können auf jedem festen Tisch im Hause vorgenommen
werden, wenn ein Wasserleitungshahn für die Saugpumpe in der
Nähe ist.

Wenn zwei verschiedene Probestellen miteinander verglichen
werden sollen, so dürfen die an ihnen gefundenen Werte nur dann

verglichen werden ohne weiteres, wenn sie nach dem gleichen Ver=
fahren und zur gleichen Zeit, d. h. unter denselben Witterungs=
bedingungen erhalten sind. Deshalb wird stets eine Standard=
versuchsreihe angelegt, bestehend aus drei nahe beieinander liegen=
den Entnahmestellen, von den täglich eine mit untersucht wird. Ein
Vergleich mit diesen Werten ermöglicht es, annähernd das Ver=
hältnis der Bodenatmung an den Versuchsstellen abzuschätzen. Man
kann also sagen, die Kurve der Werte von der Stelle X liegt etwas
bzw. viel über oder unter der Kurve der Standardwerte, oder sie
ist größeren Schwankungen unterworfen als diese.

Nur über diesen Umweg ist es auch möglich, zwei Probestellen
im gleichen Revier miteinander zu vergleichen. Denn ein Wert a
an einer Stelle X kann absolut vielleicht höher sein als ein Wert b
an einer Stelle Y an einem anderen Tage. a beträgt aber nur
90% des Standardwerts für diesen Tag, b dagegen 120% des
Standardwerts für den betreffenden Tag, der gerade, etwa wegen
niedriger Temperatur, selbst niedrig ist. Dann ist doch an der
Stelle Y die Bodenatmung um ein Drittel größer als an der
Stelle X. Ein direkter Vergleich etwa der Neubruchhausener mit
den Bärenthorener Bestimmungen auf Grund des Verhältnisses der
Einzelbestimmungen zur jeweiligen Standardreihe ist allerdings nicht
angängig. Es ist hier nur möglich, durch ziemlich unsichere will=
kürliche Schätzung die beiden Standardreihen zueinander in Be=
ziehung zu setzen. Man muß dann berücksichtigen, daß ein bei dieser
Schätzung gemachter Fehler beim Vergleich von Einzelbestimmungen
untereinander sich stets wiederholt und unter Umständen sehr erheb=
lich werden kann.

Die fortlaufende Kurve der Standardwerte soll weiter ermög=
lichen, den Einfluß der Witterung auf die Kohlensäureproduktion
im Boden festzustellen und ihn für Vergleiche auszuschalten. Dazu
werden täglich morgens, mittags und abends festgelegt: die Luft=
temperatur, der Barometerstand, die relative Luftfeuchtigkeit, der
Taupunkt, die Windrichtung und, um einen gewissen Anhalt für
die Dauer der Besonnung zu haben, die Stärke der Bewölkung.
Später ist auch eine Messung der Bodentemperatur in 10—15 cm
Tiefe neben der Standardstelle sowie beim Ansetzen und nach Be=
endigung eines jeden Versuchs unmittelbar neben der Entnahme=
stelle hinzugekommen. Außerdem wird die tägliche Niederschlags=
menge bestimmt. Da sich ein Einfluß des Barometerstandes, der

relativen Luftfeuchtigkeit und der Windrichtung nicht feststellen ließ, ist ihre Bestimmung später fortgefallen.

Nachprüfung meines Verfahrens.

Daß nach meinem Verfahren einwandfreie Vergleichszahlen erhalten werden, erhellt daraus, daß je zwei an denselben Tagen im gleichen Bestand vorgenommenen Bestimmungen viermal hintereinander durchaus gleichartige Werte ergeben haben (Reihen I C und I D f. S. 36 und die Abb. 2). Ferner zeigen die Standardkurven einen so gleichartigen, durch die Temperatur und einzelne Regenfälle beeinflußten Verlauf, daß das als der zuverlässigste Beweis für die Brauchbarkeit meiner Methode angesehen werden darf (vgl. besonders die Reihen II A—C auf den Abbildungen 3 und 4). Es kommt natürlich hin und wieder vor, daß infolge größerer Versuchsfehler, wie Verschütten der Flüssigkeiten, ungenügenden Schließens der Glocke auf dem Zylinder oder nicht im Überschuß angewendeter Kalilauge oder Barytwassers, einzelne Versuche ausfallen müssen. Mit Ähnlichem muß bei anderen Verfahren gleichfalls gerechnet werden.

Um festzustellen, in welcher Weise die Saugwirkung der Kalilauge die Ergebnisse beeinflußt, wurden folgende Versuche angestellt:

Es wurden zweimal dicht neben den Standardbestimmungen, die jede 24 Stunden dauern, ein Versuch 48 Stunden lang stehengelassen. Das Ergebnis dieses letzteren müßte gleich der Summe der beiden anderen Versuche sein. Es zeigt sich aber, daß die Einzelbestimmungen 9,45 g und 10,76 g, zusammen 20,21 g bzw. 11,66 g und 10,81 g, zusammen 22,47 g betrugen, während die Mengen aus den 48 Stunden-Versuchen nur 19,94 g bzw. 15,48 g ergaben, also 1% bzw. 31% weniger. In gleicher Weise wurde ein Versuch von 3 Tagen (72 Stunden) mit der Summe eines 24stündigen und eines 48stündigen Versuchs verglichen. Es ergab sich 10,80 g (24 Stunden) und 16,72 g (48 Stunden), zusammen 27,52 g zu 19,57 g (3 Tage), das ist 29% weniger.

Um gleichzeitig das Verhältnis der CO_2-Entwicklung am Tage und in der Nacht festzustellen, wurden zweimal neben einem 24 Stunden dauernden Versuch je eine Bestimmung von morgens $7^1/_2$ Uhr bis abends $7^1/_2$ Uhr und von abends $7^1/_2$ Uhr bis zum nächsten Morgen $7^1/_2$ Uhr ausgeführt. Das Ergebnis war: 7,38 g (tags) und 6,79 g (nachts) zu 7,48 g (in 24 Stunden) bzw. 4,91 g (tags) und 4,50 g (nachts) zu 6,24 g (in 24 Stunden).

Hieraus ist zu ersehen, daß die größte Menge der CO_2 gleich nach dem Aufsetzen des Versuchs aufgefangen wird. Es wird wahrscheinlich ein Teil der im Boden schon vor dem Ansetzen entstandenen, aber infolge der langsamen Diffusion noch nicht ausgeströmten CO_2 außer derjenigen gebunden, welche sich während des Versuchs bildet. Deshalb ist die Summe der Ergebnisse zweier Versuche stets höher als der Wert eines gleich lange dauernden. Man erkennt auch, wie wichtig es ist, die Versuchsdauer von 24 Stunden bei allen Bestimmungen möglichst genau innezuhalten. Das Umrechnen auf 24 Stunden ergibt bei längerer Versuchsdauer zu niedrige, bei kürzerer zu hohe Vergleichszahlen.

Falls nicht die Temperaturunterschiede groß sind, wie das an den in Frage kommenden Tagen zutrifft, so ist der Unterschied zwischen der Tages- und der Nachtmenge CO_2 kein großer. Demnach scheint die Lichtmenge, die den Boden trifft, einen wesentlichen Einfluß nicht auszuüben.

Um auch meine Zahlen mit nach einem anderen Verfahren gewonnenen Werten vergleichen zu können, wurden folgende Bestimmungen ausgeführt:

Die zylindrische, unten offene Blechtonne von 70 cm Höhe und 43 cm lichtem Durchmesser, die oben mit einem gut schließenden Hahn versehen war, wurde neben den Standardstellen mit ihrem Rand 5 cm tief in den Erdboden eingelassen, ohne daß die natürliche Lagerung innerhalb des dadurch begrenzten Kreises verändert wurde. Der Inhalt des Fasses betrug dann 94,4 l. Vor Beginn des Versuchs wurde der CO_2-Gehalt der freien Luft an der Versuchsstelle in 50 cm Höhe bestimmt. Nach 24 bzw. 6 Stunden wurde durch Absaugen nach dem Pettenkoferschen Verfahren, Absaugen von 6 Litern Luft unter Benutzung des Hahnes, zwei Absorptionsröhren hintereinander — der CO_2-Gehalt der Luft in der Tonne bestimmt. Beim ersten Versuch, 24 Stunden, fanden sich 5,93 mg CO_2 auf 1 l statt vorher 0,86 mg, also eine Zunahme von 5,07 mg im Liter. Daraus berechnet sich eine CO_2-Abgabe von 3,30 g auf 1 qm in 24 Stunden.

Nach 6 Stunden fanden sich bei dem zweiten Versuch 3,30 mg CO_2 im Liter, statt vorher 1,01 mg, also eine Zunahme von 2,29 mg CO_2 im Liter und in 6 Stunden. Daraus berechnet sich eine CO_2-Abgabe von 1,49 g CO_2 auf 1 qm in 6 Stunden oder von rund 6,0 in 24 Stunden. Die nach der gewöhnlichen Methode am gleichen Tage gefundenen Werte ergaben 11,9 g bzw. 12,4 g CO_2.

Nach 6 Stunden ist die Zunahme von CO_2 in der Tonne schon fast die Hälfte von der nach 24 Stunden. Es ist in der Tonne eine Anhäufung von CO_2 erfolgt, so daß das Druckgefälle, CO_2-Druck in der Bodenluft zu CO_2-Druck in der atmosphärischen Luft, ein geringeres geworden ist. Dadurch verlangsamt sich das Ausströmen der CO_2 aus dem Boden. Es muß sich also nach einer längeren Dauer des Versuchs und bei einer weiteren Erniedrigung des Druckgefälles verhältnismäßig weniger CO_2 ansammeln als bei einem kürzeren Versuch. Lundegårdh hat etwas Ähnliches (vgl. S. 13) bei seinem Verfahren experimentell auch festgestellt.

Es entspricht also das bei dem 6-Stunden-Versuch gewonnene Ergebnis mehr dem Tatsächlichen als das des 24-Stunden-Versuchs. Zweifellos ist aber auch noch die erste Zahl zu niedrig; wieviel hier schon der Einfluß der CO_2-Anhäufung in der Luft in der Tonne ausmacht, kann natürlich nicht genau gesagt werden. Es kommt noch hinzu, daß durch die Tonne eine Erwärmung des Bodens durch die Sonnenstrahlen verhindert wird.

Nach allem vorher Gesagten ist die Zahl 12,4 g CO_2, die nach der gewöhnlichen Methode erhalten wurde, zu hoch, die Zahl 6,0 g CO_2, die bei der Methode des Absaugens aus der Tonne sich ergeben hat, zu niedrig. Das Richtige liegt also dazwischen. Es sei aber nochmals wieder betont, daß es sich bei meinen Zahlen um Vergleichszahlen handelt, und daß es daher gleichgültig ist, um wieviel Prozent alle diese Zahlen gleichmäßig höher sind, als die Bodenatmung tatsächlich ausmacht.

Meine Bestimmungen wurden im Sommer 1922 begonnen. Während des Winters mußten sie naturgemäß ausgesetzt werden; zum Sommer 1923 wurden sie wieder aufgenommen und im September zu Ende geführt.

Es war mir durch die Güte der drei Ehrendoktoren der Eberswalder Forstlichen Hochschule, der Herren Forstmeister Dr. Erdmann in Neubruchhausen, Kammerherr Dr. von Kalitsch in Bärenthoren und Landrat Dr. von Keudell in Hohenlübbichow, vergönnt, in ihren von der forstlichen Welt in den letzten Jahren soviel beachteten Revieren zu arbeiten, um auch zu meinem Teil an der Klärung der dort der wissenschaftlichen Bearbeitung harrenden Fragen beizutragen. Von dieser Güte machte ich um so lieber Gebrauch, als in diesen Forsten eine Reihe von Faktoren, die auch zur Beurteilung meiner Untersuchungen von Wichtigkeit sind, bereits in Veröffentlichungen festgelegt sind. Außerdem wurden Versuche angestellt im akademischen Forstgarten bei Gießen und auf dem Forstgut Ollsen meines Vaters.

9. Die Gießener Bestimmungen.

Diese Bestimmungen wurden hauptsächlich zu dem Zweck ausgeführt, das Verfahren, das später in Norddeutschland zur Anwendung kommen sollte, zu erproben und zu vervollkommnen.

Die CO_2-Entnahmen der Reihen I A—D wurden ausgeführt im Juli 1922 im akademischen Forstgarten (16) bei Gießen, der am Fuße des Schiffenberges gelegen ist. Tertiäre Schichten bilden den Untergrund des Forstgartens. Vorwiegend ist ein schwerer grauer Tonboden vorhanden, unter dem häufig ein sehr fest gelagerter Ockerton folgt. Verwitterbare Mineralien sind nicht vorhanden; auch der Kalk fehlt vollständig.

Tabelle 5. Gießen.

Juli 1922	Temperatur Mitt.	Max.	Min.	Be-wölkung			gCO_2 je 1 qm in 24 Std. Reihen I A	B	C	D	Nie-der-schläge mm	Baro-meter
6.	21°	28°	12°	¹/₂	³/₄	¹/₁	10,6					740,8
7.	16°	21°	9°	³/₄	³/₄	³/₄		11,0				751,0
8.	19°	25°	14°	¹/₁	¹/₁	R.					4,3	746,3
9.	15⁰	21°	9°	R.	¹/₁	0					2,6	747,1
10.	15,5°	22°	14°	¹/₂	¹/₁	¹/₂	10,3					751,5
11.	17°	22°	15°	¹/₁	¹/₁	¹/₁						751,4
12.	14°	16°	12°	R.	¹/₁	¹/₁			16,0	16,3	2,5	750,3
13.	15°	23°	12°	¹/₁	¹/₁	¹/₁	9,9				1,1	746,3
14.	16°	21°	12°	¹/₁	R.	R.		12,7			5,3	742,3
15.	15°	19°	11°	¹/₁	¹/₁	¹/₁			14,2	14,6	8,0	736,0
16.	14°	19°	10°	¹/₁	¹/₁	¹/₁	8,6				0,7	741,2
17.	12°	14°	12°	R.	R.	R.		10,4			2,1	743,4
18.	13°	18°	10°	R.	R.	R.					2,0	743,8
19.	13,5°	14°	12°	R.	¹/₁	¹/₁			13,1	13,4	1,5	746,5
20.	15°	20°	9°	³/₄	³/₄	³/₄	10,7					750,5
21.	19°	25°	10°	0	0	0		15,1				747,0
22.	17°	27°	13°	¹/₂	¹/₂	R.			16,1	17,3	5,3	744,9
23.	17°	21°	14°	³/₄	¹/₁	R.	11,6				6,8	739,9
24.	16°	21°	12°	³/₄	³/₄	¹/₁		14,6			6,8	741,2
25.	13°	16°	10°	³/₄	¹/₁	¹/₁			—	14,5		749,0
26.	16°	20°	14°	³/₄	¹/₂	³/₄	9,2				0,1	750,4

In der vorstehenden Tabelle 5 sind neben den Zahlen für ge=
fundene Gramm CO_2, bezogen auf 24 Stunden und auf 1 qm,
angeführt einige Angaben über die Witterungsverhältnisse zur Zeit
der Versuche. Außer den Angaben über die Niederschlagsmengen,
welche im Forstgarten selbst gemessen wurden, stammen die übrigen
aus der Wetterbeobachtungsstelle des Physikalischen Universitäts=
instituts, welches etwa 3 km Luftlinie vom Forstgarten entfernt
liegt. Die Tagestemperaturen dürften wohl geringeren Schwan=
kungen im Walde unterlegen haben als in der Stadt, aber das

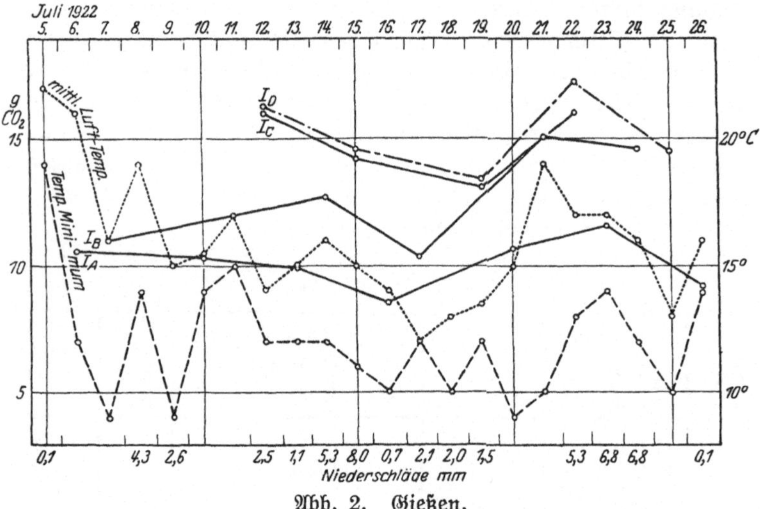

Abb. 2. Gießen.

Tagesmittel wird annähernd das gleiche gewesen sein. Die Luft=
druck=, Wind= und Bewölkungsverhältnisse dürften nur ganz un=
wesentlich voneinander verschieden gewesen sein.

Die Versuchsreihen I A und B wurden durchgeführt im Distrikt III,
Abt. 3, die Reihen I C und D im Distrikt III, Abt. 4. Die Ent=
nahmestellen von I A und I B liegen etwa 10 m, die von I C und
I D etwa 3 m voneinander entfernt in der Mitte der Bestände.

I A und B. Die Abteilung III, 3 ist ein 32 jähriger geschlossener
Fichtenbestand, hervorgegangen aus im Jahre 1896 ausgeführter
Reihenpflanzung, hat eine Höhe von 12—15 m, im Durchschnitt
13 m, und einen Mitteldurchmesser in Brusthöhe von etwa 9,5 cm.
Der Standort wäre nach Schwappach als eine erste Fichtenklasse

anzusprechen. Das Gelände ist eben. Das Bodenprofil zeigt folgendes Bild: eine ca. 3 cm dicke Schicht aus Nadeln mit deutlich beginnender Trockentorfbildung, keine Begrünung; eine 7 cm dicke Schicht aus schwarzbraun gefärbtem tonigen Miozänsand; eine 20 cm starke Schicht von graubraunem Ton, allmählich übergehend in sehr festen ockergelben Ton.

I C und D. Die Abteilung III, 4 ist ein 55jähriger, regelmäßig stärker durchforsteter Fichtenbestand, entstanden aus im Jahre 1872 ausgeführter Reihenpflanzung, hat eine Höhe von 18—22 m, im Durchschnitt 20 m, und einen Mitteldurchmesser in Brusthöhe von etwa 18 cm. Es ist also ein Fichtenstandort I.—II. Klasse. Unter den Fichten ist ein ungleichmäßiger und ungleichwüchsiger Unterstand vorhanden von Hainbuche, Eiche, auch Buche und Tanne, durchschnittlich 10 Jahre alt. Der Bodeneinschlag zeigt eine 5 cm dicke Schicht aus feuchtem Moos, Gräsern und verschiedenen Kräutern, sowie gut zersetztem Humus, der kaum mehr unzersetzte Nadeln aufweist, 5 cm graugelben tonigen Sand, darunter Ton mit von Graubraun in Ockergelb übergehender Farbe. Die CO_2-Menge beträgt etwa das Eineinhalbfache derjenigen von I A. —

Es fällt auf, daß die Reihe I B stets wesentlich über der im gleichen Bestand gelegenen Reihe I A liegt. Das hat seinen Grund darin, daß die Apparatur bei I B noch nicht vollständig dicht schloß, also von außenher CO_2 unter die Glocke und dann in die Kalilauge gelangte. Dagegen verlaufen die Reihen I C und I D nahezu parallel und ergeben fast die gleichen Werte. I D liegt immer etwas über I C, aber so wenig, daß das für einen Vergleich ohne Belang ist. Zur Bestimmung der Kohlensäureabgabe in einem gleichartigen Bestand dürfte also in der Regel eine Entnahmestelle genügen.

Die CO_2-Kurve von I A folgt ganz genau der Kurve der mittleren Lufttemperatur. Irgendwelche anderen Witterungsfaktoren scheinen auf sie keinen Einfluß zu haben. Die Kurven von I C und I D weichen in ihrem Verlauf vom 12. 7. zum 15. 7. von der Kurve der mittleren Lufttemperatur etwas ab; in der folgenden Zeit verlaufen sie ihr durchaus entsprechend. Am 15. 7. ist die mittlere Lufttemperatur etwas höher als am 12. 7., die CO_2-Menge jedoch etwas geringer, aber auch das Temperaturminimum ist tiefer. Darin liegt die Erklärung: die Grasspitzen haben in der Nacht ziemlich viel Wärme ausgestrahlt und dadurch die Bodentemperatur

hinabgedrückt. Von dieſer ſind die Bakterien naturgemäß unmittel=
bar, von der Lufttemperatur dagegen nur mittelbar abhängig.
Andere klimatiſche Faktoren ſcheinen auch hier ohne Belang zu ſein.

10. Die Ollſener Beſtimmungen.

Die Verſuche 25—166 der Reihen II A—II T wurden ausgeführt
auf dem Forſtgut Ollſen meines Vaters, das etwa 5 km nördlich
der höchſten Erhebung in der Lüneburger Heide, 75—110 m über
dem Meere liegt. Schon dieſe geringe Höhe bewirkt es, daß die
geſamte Vegetation in der Regel um etwa 2 Wochen gegenüber
der Elbniederung zurückbleibt. Tau und Nebel treten weniger häufig
als dort auf, dagegen haben öſtliche und weſtliche Winde eine erheb=
lich größere Stärke.

Der Boden beſteht vorwiegend aus Diluvialſanden, die ziemlich
arm ſind an Mineralſalzen. Zum Teil ſind die Sande anlehmig
oder von zuſammenhängenden Lehmadern unterbrochen. Vor gut
20 Jahren war noch faſt alles Heide, wurde dann aber ziemlich
ſchnell durch Saaten aufgeforſtet. Zur Nachbeſſerung ſind größere
Stellen bepflanzt worden.

Die Ergebniſſe ſind in den Tabellen 6 und 7 und kurvenmäßig
in Abb. 3 und 4 zuſammengeſtellt.

II A—C. Die Verſuchsreihen II A, B und C bilden die Standard=
reihen für die Ollſener Beſtimmungen. Sie ſind angelegt im Jagen 4
in der Nähe des Wohnhauſes in einem vorwiegend aus Fichten mit
eingeſprengten Kiefern gebildeten Beſtand. Er iſt begründet 1901
auf altem brachliegenden Ackerland durch Reihenpflanzung 2jäh=
riger Fichten und Nachbeſſerung mit Kiefern und Bankskiefern.
1921 wurden vereinzelte trockene Stämme entfernt und die übrigen
aufgeäſtet. Das Gelände iſt eben; das Bodenprofil zeigt folgendes
Bild: 25 cm grauer humoſer Sand, darunter weicher gelblicher
Verwitterungsſand. Steine oder krankhafte Bodenverhärtungen
(Ortſtein) fehlen. Dieſem tiefgründigen, lockeren, trockenen Sand=
boden liegt eine etwa 5 cm hohe Schicht gut verwitternder Fichten=
und Kiefernnadeln und kleiner Zweige auf. Eine Begrünung fehlt.

Der Beſtand, ein 22jähriges geſchloſſenes angehendes Fichten=
ſtangenholz, dem etwa 0,2 Kiefern beigemiſcht ſind, hat an der
Verſuchsſtelle eine Höhe von 7—8 m. Danach wäre es eine
I. Fichtenſtandortsklaſſe. — Die drei Probeſtellen liegen etwa 10 m

Tabelle 6. Ollsen 1922.

| Aug. | Lufttemperatur | Bewölkung | | | g CO_2 je 1 qm in 24 Std. Reihen II | | | | | | | | | | | Niederschläge |
		morgens	mittags	abends	A	B	C	D	E	F	G	H	J	K	L	mm
10.	$14\frac{1}{2}°$	$\frac{1}{1}$	$\frac{1}{4}$	$\frac{3}{4}$	13,0			9,7								
11.	$12°$	$\frac{3}{4}$	$\frac{1}{1}$	$\frac{3}{4}$		11,2			9,5							
12.	$13\frac{1}{2}°$	$\frac{3}{4}$	$\frac{1}{2}$	$\frac{1}{1}$			19,9			16,8						0,4
13.	$15°$	$\frac{1}{1}$	$\frac{1}{1}$ R.	0	12,3			7,3								0,4
14.	$15°$	$\frac{3}{4}$	$\frac{1}{2}$	$\frac{3}{4}$		10,9			10,1							0,2
15.	$12\frac{3}{4}°$	$\frac{1}{1}$	$\frac{1}{1}$	0			17,8			13,8						0,2
16.	$14°$	0	$\frac{1}{2}$	0	11,7			8,1								
17.	$17\frac{1}{2}°$	0	0	$\frac{1}{4}$		10,3			10,1							1,6
18.	$12°$	$\frac{3}{4}$	$\frac{1}{1}$	$\frac{1}{2}$			17,9			15,6						3,3
19.	$12\frac{1}{4}°$	$\frac{1}{2}$ R.	$\frac{3}{4}$	$\frac{1}{4}$	11,3			7,2								3,0
20.	$15°$	$\frac{1}{1}$	$\frac{1}{1}$	0		12,0			9,2		14,0					0,3
21.	$18°$	0	$\frac{1}{2}$	0			19,6			14,4						
22.	$18\frac{1}{2}°$	0	$\frac{1}{1}$ R.	0	13,0			9,1								11,6
23.	$13°$	$\frac{1}{1}$ R.	R.	R.		13,0			13,3		8,0					26,3
24.	$12°$	$\frac{3}{4}$ R.	$\frac{3}{4}$ R.	0			16,7			11,4		7,7				9,2
25.	$12°$	R.	$\frac{1}{1}$ R.	R.	11,7						7,2					12,8
26.	$12\frac{1}{2}°$	$\frac{1}{4}$	R.	0		11,0						6,0				13,5
27.	$17°$	0	$\frac{1}{4}$	0												0,4
28.	$19\frac{3}{4}°$	0	0	$\frac{3}{4}$												0,4
29.	$20\frac{1}{4}°$	0	0	0	13,0						13,0		13,7			
30.	$19\frac{1}{2}°$	0	$\frac{1}{4}$	$\frac{3}{4}$		13,2						7,4		13,8		2,5
31.	$17\frac{1}{2}°$	$\frac{1}{1}$ R.	$\frac{3}{4}$	0											13,2	0,2
					100%			68	90	124	85	58				%

vom Nordostrande des Bestandes entfernt; unter sich haben sie einen Abstand von 1 m.

Die Reihe II C liegt im August 1922 bedeutend über den gleichartigen II A und B; es war der in den Boden gedrückte Zylinder ziemlich undicht, was erst beim Herausnehmen gemerkt wurde, so daß jedesmal von außen her CO_2 dazugekommen ist und die Werte zu hoch geworden sind. Sie folgen zwar recht gut der Temperaturkurve, müssen aber für den Vergleich ausscheiden. Im Frühjahr 1923 wurde die Undichtigkeit beseitigt, so daß von da ab die drei Versuchsreihen eine Standardkurve ergeben. Ihre Werte sind gleich 100 gesetzt.

Die beiden Standardkurven verlaufen ziemlich parallel den Temperaturkurven; für die Zeit April—Mai 1923 ist weiter hinten (S. 81) näher darauf eingegangen.

| April | Luft-Temperatur | Boden-Temperatur | $g\,CO_2$ je 1 qm in 24 Std. Reihen II | | | | | | | | | | | | | | | Bewölkung | | | Niederschläge mm |
			A	B	C	F	J	K	L	M	N	O	P	Q	R	S	T				
17.	$2\frac{1}{2}°$	$2\frac{3}{4}°$		4,8				4,2			4,2							$\frac{1}{1}$	$\frac{1}{1}$	0	
18.	$3\frac{1}{4}°$	$2\frac{1}{4}°$			4,7	3,2			4,1									$\frac{1}{4}$	$\frac{3}{4}$	0	
19.	$5\frac{1}{4}°$	$2\frac{3}{4}°$	5,2				3,4			4,9								0	0	0	
20.	$7\frac{1}{4}°$	$3\frac{1}{2}°$		5,0				4,4			4,4							0	0	0	
21.	$9°$	$5°$			5,3	4,2			6,2									0	$\frac{1}{4}$	$\frac{1}{1}$	
22.	$5\frac{3}{4}°$	$4\frac{1}{2}°$	5,6				4,1			4,4								$\frac{1}{1}$	$\frac{1}{1}$	0	
23.	$6\frac{3}{4}°$	$3\frac{3}{4}°$		5,2				4,3			4,0							0	$\frac{1}{4}$	$\frac{3}{4}$	0,6
24.	$5°$	$3\frac{1}{2}°$			5,5	3,2			5,0									0	$\frac{3}{4}$R.	0	1,4
25.	$7\frac{1}{2}°$	$4\frac{1}{2}°$	5,4				4,2			3.6								0	$\frac{3}{4}$	$\frac{1}{4}$R.	9,0
26.	$11\frac{1}{2}°$	$6\frac{1}{4}°$		5,6				3,3										$\frac{1}{1}$R.	$\frac{1}{2}$	$\frac{1}{1}$	0,5
27.	$7°$	$5\frac{1}{2}°$			6,7				4,5				6,0					$\frac{1}{4}$	$\frac{3}{4}$R.	0	0,5
28.	$7°$	$4\frac{1}{2}°$	5,2				4.2							8,5				0	$\frac{1}{4}$	$\frac{1}{4}$	0,5
29.	$7\frac{1}{2}°$	$5°$		6,5				4,1				6,3						$\frac{1}{1}$	$\frac{3}{4}$R.	R.	15,6
30.	$10°$	$6\frac{1}{2}°$			7,0				6,0				4,8					$\frac{3}{4}$	$\frac{1}{1}$R.	R.	12,2
Mai																					
1.	$10\frac{1}{2}°$	$8°$	7,0				4,7							4,4				R.	R.	R.	24,0
2.	$10\frac{1}{2}°$	$8\frac{1}{4}°$		8,1								8,2			6,7			$\frac{1}{1}$	$\frac{3}{4}$R.	0	1,0
3.	$10°$	$7\frac{1}{4}°$			8,7								9,6			11,7		0	$\frac{1}{4}$	0	
4.	$10\frac{3}{4}°$	$9\frac{1}{2}°$	8,4											9,2			9,6	0	$\frac{1}{4}$	0	
5.	$21\frac{1}{4}°$	$12\frac{3}{4}°$		9,5											11,8			0	0	$\frac{1}{2}$	
6.	$18\frac{1}{4}°$	$12°$			10,8											8,9		$\frac{1}{2}$	$\frac{1}{4}$	0	
7.	$13°$	$10°$	7,4														6,7	R.	$\frac{3}{4}$	$\frac{1}{1}$	5,8
			100%			68	92	96	99	78	84	97	90	112	104	115	103	%			

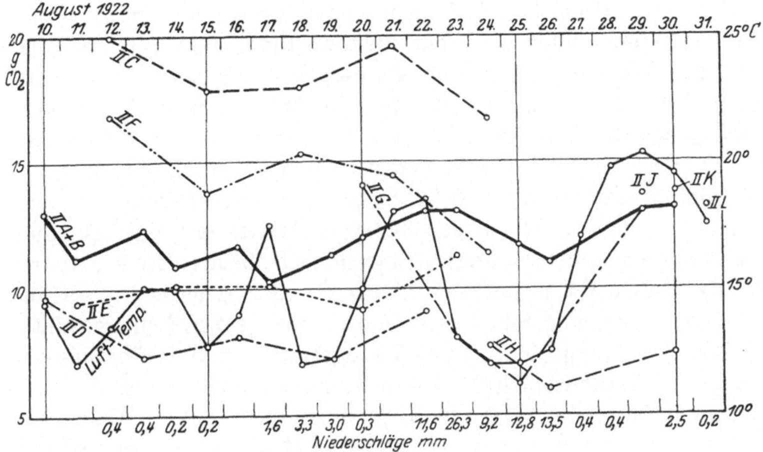

Abb. 3. Ollſen 1922.

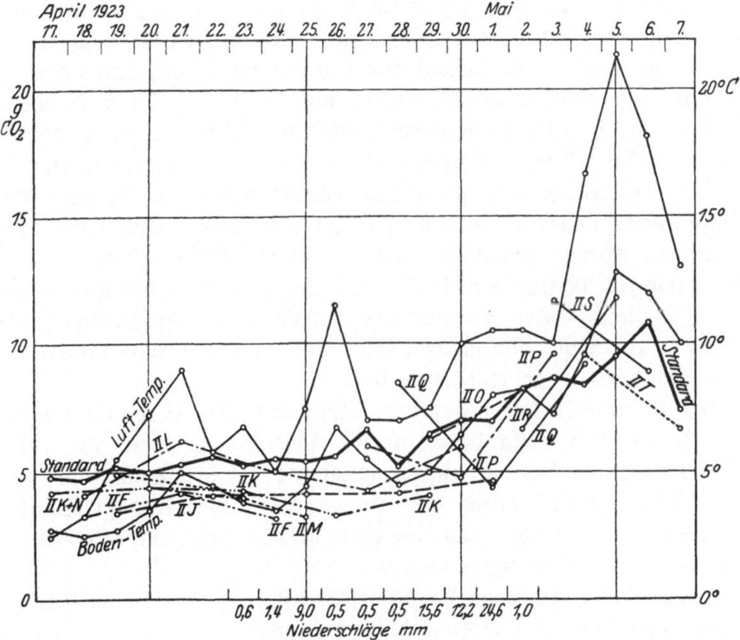

Abb. 4. Ollſen 1923.

II D. Die Probestelle II D liegt im gleichen Bestand wie II A—C, aber an einem Platze, wo der Bestand lückig wird und nur aus Kiefern, Franzosenkiefern und Bankskiefern gebildet wird. Seine Höhe beträgt 5—6 m; es ist also eine III. Kiefernstandortsklasse. Der Boden ist wieder tiefgründig, locker und trocken. Er besteht aus hellgrauem humosen Sand, der bei etwa 25 cm Tiefe in gelbbraunen Verwitterungssand übergeht. Die Bodendecke besteht aus einer 3 cm hohen Schicht von Moos (Polytrichum), auf dem und zwischen dem gut verwitterte Kiefernnadeln liegen. Auch einzelne Gräser finden sich in geringer Menge. — Die Probestelle liegt am Westrand einer ungefähr 5 m im Durchmesser großen Bestandeslücke.

Die CO_2-Menge beträgt im Durchschnitt von 5 Bestimmungen 68% der Standardmenge. Die abfallende Nadelstreu ist nur verhältnismäßig klein. Deshalb liegt die CO_2-Produktion unter den Standardwerten und denen der Reihe II E, die im gleichen Bestand gelegen sind.

II E liegt etwa 50 m von II D entfernt. Der Bestand wird aus Bankskiefern und Franzosenkiefern gebildet; er ist ziemlich locker (0,7) und im Durchschnitt 5 m hoch. Der Boden ist tiefgründig, locker und trocken. Er besteht aus hellgrauem Sand, unter dem in 35 cm Tiefe gelbbrauner Verwitterungssand liegt. Die Bodendecke besteht aus einer 3—4 cm hohen Schicht verschiedener grüner Moose und einzelner Gräser, dazwischen verwitternde Kiefernnadeln.

Die CO_2-Menge beträgt im Durchschnitt 90%; die einzelnen Bestimmungen weichen nur unwesentlich von diesem Mittel ab. Die geringere Menge gegenüber den Standardwerten erklärt sich aus der geringen Menge der abfallenden Streu in dem weniger wüchsigen Bestand. Der Verlauf der Kurve entspricht durchaus der Temperaturkurve; nur machen sich die Temperaturänderungen erst am folgenden Tage voll bemerkbar.

II F ist unmittelbar neben den Standardstellen II A—C gelegen; die Boden- und Bestandsverhältnisse sind also dieselben. Es wurde aber eine Bodenbearbeitung vorgenommen in der Weise, daß nach gründlicher Zerkleinerung der Bodenbedeckung mit dem Spaten 20 cm tief umgegraben und eine gleichmäßige Mischung des Sandes mit der Streu hergestellt wurde.

Kurze Zeit darauf, im August 1922, ist eine wesentliche Steigerung gegenüber den Standardwerten festzustellen, die im Durchschnitt 24% ausmacht, aber schon nach kurzer Zeit merklich zurückgeht. Die Werte betragen im einzelnen 144, 122, 144, 115 und 95%. Im nächsten Frühjahr ist die CO_2-Entwicklung bedeutend geringer; sie beträgt nur noch im Durchschnitt 68%. Daraus ergibt sich ein Mittel für die ganze Zeit von 96%.

II G und II H. Diese Versuchsreihen liegen auf Heidestücken. Der Boden bei II G ist ein Ortsteinboden. Unter 14 cm Bleichsand, der oben ziemlich dunkel aussieht, nach unten aber immer heller graublau wird, liegt scharf abgesetzt eine 20 cm tiefe, sehr feste Ortsteinschicht. Der Ortstein ist oben tiefschwarz, wird nach unten allmählich etwas heller und ist dann braun gefärbt. Darunter folgt gelbbrauner Verwitterungssand. Auf dem Boden liegt eine 6 cm starke Schicht von trockenem grauen Moos. Die Heide, welche vor 4 Jahren gehauen worden ist, ist 25 cm hoch. Sie mußte für den Versuch innerhalb des Zylinders abgeschnitten werden, da sonst die Glocke nicht aufgesetzt werden konnte; ringsherum blieb sie stehen.

Bei II H ist der Boden gesund. Unter grauem humosen Sand liegt schon bei 15 cm Tiefe der gelbbraune Verwitterungssand. Die Moosschicht ist nur 2—3 cm hoch, die Heide dagegen, welche seit langer Zeit nicht verändert wurde, ist 40 cm hoch.

Bei II G macht sich in ausgeprägtem Maße der Einfluß der Besonnung geltend; der dunkle Bodenüberzug erwärmt sich naturgemäß sehr leicht, die kurze Heide strahlt diese Wärme aber ebenso schnell wieder aus. Dadurch ergeben sich Schwankungen der CO_2-Mengen, 117, 62, 62, 100%, deren Kurve sich dicht an die Temperaturkurve anschließt. Beachtlich ist das hohe Mittel 85%, das sich durch die sehr warmen ersten und letzten Versuchstage ergibt.

Bei II H erhält die höhere Heide dem Boden eine gleichmäßigere Temperatur; deshalb verläuft die CO_2-Kurve viel weniger steil. Der Durchschnitt beträgt 58%.

II J im Jagen 5d, in einem 22jährigen, auf Heideland durch Pflanzung in Pflugfurchen begründeten Kiefernbestand, der vollgeschlossen und 7 m hoch ist. Die Heide ist abgestorben; zwischen ihren Resten breitet sich Hypnum mit Nadeln gemischt in einer 5 cm hohen Schicht aus. Der Boden besteht bis 20 cm aus braungrauem humosen, anlehmigen Sand; darunter liegt gelber anlehmiger Sand.

Die CO_2-Menge betrug Ende August 111%, im Frühjahr ergibt ihr Durchschnitt nur 72%. Es erhellt daraus, daß in der dichten Kiefernschonung die Zersetzung und CO_2-Entwicklung erst ziemlich ſpät voll einſetzt. Das Mittel ergibt 92%. — Die obere lockere Bodenbedeckung wurde für die letzten beiden Verſuche entfernt; es zeigte ſich keine Veränderung der CO_2-Entwicklung. Es ſcheint alſo die Zerſetzung in der Hauptſache vor ſich zu gehen in den in unmittelbarer Berührung mit dem Mineralboden befindlichen Humusteilen.

II K, Jagen 5e. Der Kiefernbeſtand iſt 43jährig, 12 m hoch und 0,7 geſchloſſen; er wurde durch Saat auf Heide begründet. Die Verſuchsſtelle liegt 10 m vom Oſtrande entfernt. Der Boden iſt bedeckt mit 4 cm ſich zerſetzenden Kiefernnadeln und -zweigen, von Hypnum durchwachſen, und 2 cm etwas verfilztem Rohhumus. Der Boden iſt der gleiche wie bei II J.

Auch hier iſt im Sommer die CO_2-Menge größer (105%), im Frühjahr kleiner (86%) als bei den Standardverſuchen. Das Mittel ergibt 96%. Nach Entfernen der oberen Streu- und Moosſchicht geht die CO_2-Produktion ziemlich ſtark zurück auf 62%. Dies Ergebnis iſt das erwartete und beſtätigt die Anſchauung, daß ein ſehr weſentlicher Teil der Kohlenſäure ſeinen Urſprung in Zerſetzungsvorgängen der oberſten Streuſchichten hat.

II L, Jagen 5e. Der Beſtand beſteht aus 37jährigen, 11 m hohen, 0,7 geſchloſſenen Kiefern. Der Boden, welcher von einer 6 cm ſtarken, ſich gut zerſetzenden Nadel- und Reiſigauflage bedeckt iſt, beſteht bis 15 cm Tiefe aus ſchwarzgrauem, humoſen, anlehmigen Sand und darunter aus grünbraunem anlehmigen Sand.

Hier bleibt die Zerſetzung im Frühjahr nicht hinter den Standardwerten zurück; ſie beträgt 98% im April und 100% im Auguſt. Das Entfernen der Streudecke für die letzten beiden Beſtimmungen bewirkt eine Herabſetzung auf 77% (ſ. II K).

II M und N im Jagen 5b, liegen in einem ca. 40jährigen, 12 bis 15 m hohen lückigen Fichtenbeſtand. II M liegt in der Mitte einer 10 m im Durchmeſſer großen Gruppe von Fichten. Der Boden, der aus graugelbem anlehmigen Sand beſteht, iſt mit einer 8 cm hohen Schicht von Nadeln bedeckt.

II N liegt dicht bei II M am Nordrand einer 6 m großen Beſtandeslücke. Dem Boden iſt eine 2 cm ſtarke Schicht von Polytrichum und darunter eine 4 cm ſtarke Schicht von ſich gut zerſetzenden Nadeln aufgelagert.

Die CO_2-Mengen betragen bei II M im Durchſchnitt 78%, bei II N 84%. Das Moos an der letzteren Stelle wirkt nicht etwa hinderlich; im Gegenteil, es iſt hier, wahrſcheinlich als Folge des weniger dichten Schlusses und der dadurch ermöglichten besseren Erwärmung, eine stärkere Zersetzung zu beobachten. Es dürfte an dieser Stelle eine Anhäufung von Nadeln weniger leicht eintreten als bei II N, wo schon eine ziemlich starke Lage sich angesammelt hat.

II O, P, Q im Jagen 7, auf einer von 10 m hohen Anflugkiefern eingerahmten Heidefläche.

Bei II O wurde in diesem Jahre, etwa 6 Wochen vor dem ersten Versuch, die Heide gehauen. Es liegt noch etwa 1 cm brauner Heidetorf auf dem Boden. Dieser besteht bis 12 cm Tiefe aus grauem humosen Sand, dessen oberste Schicht von Heidewurzeln durchzogen ist, und darunter aus gelbbraunem Sand.

Bei II P wurde die Heide im vorhergehenden Jahr gehauen. Bodendecke und Boden wie bei II O.

Bei II Q steht die Heide noch; sie ist 30—40 cm hoch. Der Boden, der wie vorstehend beschrieben geschichtet ist, ist mit einer 5 cm hohen Lage von Heidetorf und Heidewurzeln bedeckt.

Die Bodentemperatur auf dieser Heidefläche ist im Mittel über $1^1/_2{}^0$, an einem Tage sogar $2^1/_2{}^0$ höher als an den Standard=stellen. Daraus ergibt sich an den sonnigen Tagen eine verhältnis=mäßig hohe CO_2=Produktion, bei II O und II P (ziemlich gleichmäßig) 97 bzw. 100% und bei der noch stehenden Heide bei II Q 137%. An den dazwischen liegenden 2 Regentagen geben II P nur 69% und II Q nur 63%; daraus berechnet sich dann ein Mittel für II P von 90% und für II Q von 112%.

II R, S und T im Jagen 10. Im Jahre 1917 ist der Bestand durch Feuer gänzlich vernichtet; seitdem ist wieder völlige Ver=heidung eingetreten. Um neu zu kultivieren, wurde folgende Be=arbeitung vorgenommen.

Bei II R wurde im Frühjahr 1922 mit einem gewöhnlichen Acker=pflug die Heidenarbe einmal etwa 10 cm tief umgepflügt. Anfang März wurden die Schollen mit der Scheibenegge zweimal zer=kleinert. Es ist eine ziemlich ebene Fläche entstanden, aus der einzelne nicht ganz zerrissene Heidebulte herausstehen. Anfang April wurden Kiefern in Streifen und Lärchen auf Plätze gesät. Der Bodeneinschlag zeigt 10 cm lockeren hellgrauen Sand, 2 cm Reste der Heide, 40 cm schwarzgrauen humosen Sand, darunter Kies und hellgrauen Sand.

Bei II S wurde die gleiche Methode wie bei II R angewandt, nur mit dem Unterschied, daß erst im Winter 1922/23 gepflügt und

Anfang April 1923 mit der Scheibenegge zerkleinert wurde. Die Fläche ist viel mehr durch zerrissene Heidebulten ungleichmäßig. Die Saat erfolgte Ende April 1923. Das Bodenprofil ist folgendes: 12 cm lockerer braungrauer Sand; 3 cm Heidereste; darunter wie bei II R.

Bei II T, wenige Schritte von II R und II S entfernt, ist auf einem schmalen Streifen die Heide erhalten geblieben. Sie ist 30—60 cm hoch, im Durchschnitt 40 cm, dünnstengelig und ziemlich geschlossen. Die obersten 5 cm des Bodens sind mit ihren Wurzeln durchzogen. Dann folgen 45 cm schwarzgrauer humoser Sand und darunter Kies und hellgrauer Sand.

Bei II T ist die Erwärmung — es handelt sich um sonnige Tage — eine größere als bei den Standardversuchen und auch als bei den Versuchsstellen II R und II S auf dem hellen Sand. So erklärt sich die hohe CO_2-Menge von 103%. Von den Reihen II R und II S weist die letztere eine höhere CO_2-Produktion auf, 115% im Vergleich zu 104%. Bei II R ist ein beträchtlicher Teil der Heidereste zweifellos schon während des Sommers 1922, wo die Abteilung grobschollig gepflügt gelegen hatte, zersetzt worden, was bei II S nicht der Fall ist. Jetzt befindet sich an dieser eine größere Menge zersetzbarer organischer Substanz, und daher ist die CO_2-Entwicklung eine stärkere.

Zusammenfassung. Bei der Zusammenstellung der Ollsener Versuche ergibt sich folgende Reihe.

100% II A—C. Standardreihe, 22jähriges geschlossenes Fichtenstangenholz.

115% II S. Heidefläche, in diesem Jahre gepflügt und mit der Scheibenegge bearbeitet.

112% II Q. Alte Heide, 30—40 cm hoch (Frühjahr).

104% II R. Heidefläche, im letzten Jahre gepflügt, in diesem Jahre mit Scheibenegge behandelt.

103% II T. Jüngere Heide, 30—60 cm hoch (Frühjahr).

99% II L. 37jähriger Kiefernbestand, Nadeln und Reisig.

97% II O. Heide, in diesem Jahre gehauen (Frühjahr).

96% II F. Fichtenstangenholz, neben der Standardstelle, 10 cm tief umgegraben.

96% II K. 43jähriger Kiefernbestand. Nadeln, Reisig und Moos.

92% II J. 22jährige geschlossene Kieferndickung (Pflanzung), sterbende Heide und Moos.

90% II E. Lockere Kieferndickung, Moose und Gräser.
90% II P. Heide, im vorigen Jahre gehauen (Frühjahr).
85% II G. Kurze Heide (25 cm), vor 4 Jahren gehauen.
84% II N. 40jähriger lückiger Fichtenbestand. Lücke, viel Moos.
78% II M. Derselbe Bestand, in einer Gruppe, 8 cm Nadeln.
68% II D. Lücke in 20jähriger Kieferndickung, viel Polytrichum.
58% II H. Alte hohe Heide (Sommer).

Die Bestimmungen zeigen, in wie weitem Umfange durch Einflüsse der Witterung und der Jahreszeit bedingt die einzelnen Werte der CO_2-Produktion im Boden an der gleichen Stelle schwanken können; besonders auch, wie sehr gerade im Freien der Einfluß des Sonnenscheins sich bemerkbar macht.

Für den Bestand, in dem die Standardstellen liegen, beträgt das Mittel der täglichen CO_2-Produktion etwa 10 g pro Quadratmeter, d. i. 100 kg pro Hektar. Hiervon dürfen, wie das S. 30 ausgeführt ist, etwa 90% als die tatsächlich erzeugte CO_2-Menge angesehen werden, also 90 kg. Legt man 6 Monate, April bis September einschließlich, für die Vegetationszeit der Rechnung zugrunde, so würden das $180 \cdot 90$ kg $= 16200$ kg im Jahre sein. In diesen sind $\frac{12}{44} \cdot 16200 = 4430$, also rund 4400 kg Kohlenstoff enthalten, die zur Bildung von Holz vom Bestande aufgebraucht werden könnten. Es kann sich jedoch nicht die ganze Menge im Derbholz wiederfinden: schätzungsweise etwa 40% der Assimilate werden in den Blättern, Nadeln und jungen Zweigen, etwa 10% im unterirdischen Pflanzenkörper angelegt. Der Betrag, der durch die Atmung der Bäume sofort wieder verbrauchten Assimilate darf vielleicht auf gleichfalls 10% geschätzt werden, so daß für das eigentliche Derbholz 40% übrigbleiben, das sind bei unserer Rechnung 1760 kg. Holz enthält 40% Wasser; von den restlichen 60% ist die Hälfte, also 30%, Kohlenstoff. Es würden also $\frac{100}{30} \cdot 1760 = 5860$ kg Holz, das sind etwa 12 fm, entstehen können.

Der Bestand, der ziemlich einem Normalbestand der Schwappachschen Ertragstafeln (I. Klasse) entsprechen dürfte, wird einen laufend jährlichen Derbholzzuwachs von 9 fm haben. Es wird also die vom Boden entströmende Kohlensäure zu 75% im Bestand festgehalten und zur Holzbildung verbraucht. In sehr vielen anderen Beständen, die einen geringeren Zuwachs haben, wird zweifellos ein größerer

Teil CO_2 vom Wind verweht werden oder ungenutzt durch das lückige Kronendach streichen. Der Forstmann muß seine Maßnahmen so einrichten, daß auch hier der Höchstzuwachs, der durch die Menge der Kohlensäure begrenzt ist, erzielt wird, und daß nicht, wie es jetzt der Fall ist, ein großer Teil des wertvollen Baustoffs wegen unzweckmäßiger Bestandserziehung verloren geht.

11. Die Neubruchhausener Bestimmungen.

Die Oberförsterei Neubruchhausen, Forstmeister Dr. Erdmann, liegt im Regierungsbezirk Hannover, etwa 40 km südlich von Bremen. Das Gelände ist vorwiegend eben; die durchschnittliche Höhe beträgt 50 m über dem Meere.

Der Boden (9), reiner Flottlehm, besteht hier vorwiegend aus einem fast tonfreien, sehr kalkarmen, überaus feinen Quarzmehl. Durch diese mehlartige Beschaffenheit des Quarzes unterscheidet sich der Flottlehmboden in prägnanter Weise von allen sonstigen Quarzböden, auch den feinsten Sanden, bei denen immer doch die Körnung noch wahrnehmbar ist, und nähert sich physikalisch viel mehr dem Tonboden. Durchweg ist dem Quarzmehl ein ziemlich hoher Gehalt an sonstigen Mineralien, mit Ausnahme jedoch von Kalk, in fein geriebener, staubartiger Form beigemischt, so daß der Boden in seiner Gesamtheit eher reich als arm — im Sinne eines Waldbodens — genannt werden muß.

Waldbaulich ist der Flottlehmboden, soweit er gesund erhalten ist, als ein recht günstiger anzusehen. Abstufungen in der Güte werden im wesentlichen nur durch die Nähe des Grundwassers bzw. oberirdischer Wasserläufe bedingt. In der Mehrheit der Fälle sinkt die Bonität gesunden Flottlehmbodens nicht leicht unter die eines Bodens der II. Ertragsklasse. Ein waldbaulicher Nachteil des Bodens ist aber seine große Empfindlichkeit gegen Aushagerung einerseits, Rohhumusüberlagerung andererseits. Der Flottlehmboden erkrankt sehr leicht, d. h. er verliert seine Krümelstruktur, verdichtet und verschließt sich, überzieht sich allmählich mit einer schädlichen Kleinvegetation und stellt in diesem Zustande allerdings der Forstkultur erhebliche Schwierigkeiten entgegen. Auch eigentliche Ortsteinbildung ist dem Flottlehm keineswegs fremd, und der Flottlehmortstein gibt an felsenartiger Verhärtung dem Ortstein der Sandheide nichts nach. In der starken Neigung zur Rohhumus-

bildung, die durch die Eigenart des nordwestdeutschen Klimas noch
gefördert wird, liegt ein zweiter waldbaulicher Nachteil des Flott=
lehmbodens. Rohhumusschichten von 20—40 cm Mächtigkeit sind
in der Oberförsterei Neubruchhausen keine Seltenheit; es kommen
aber auch solche von mehr als 60 cm bis zu 1,60 m vor.

Klimatisch wird das Gebiet charakterisiert durch hohe Luftfeuchtig=
keit, große Niederschlagsmenge (700—800 mm), starke Bewölkung,
infolgedessen geringe Intensität des Lichteinfalls und der Boden=
erwärmung, relativ geringe Differenzen zwischen den Temperaturen

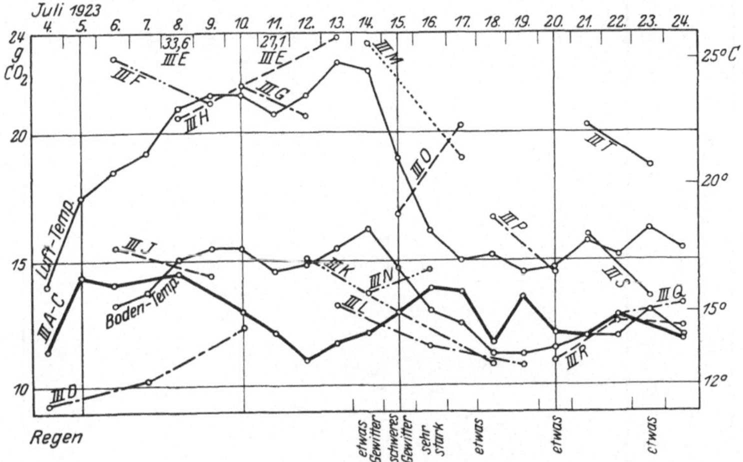

Abb. 5. Neubruchhausen.

der einzelnen Jahreszeiten, Auftreten längerer Perioden warmen,
feuchten Wetters im Winter, geringe sommerliche Wärmemenge,
stärkere Konzentration derselben auf den Nachsommer, langdauernde
Spätfröste, Seltenheit des Schneefalls.

Die Ergebnisse meiner Bestimmungen sind auf der Tab. 8 und
kurvenmäßig auf Abb. 5 zusammengestellt.

III A—C. Die Versuche der Reihen III A, III B und III C sind
die Standardversuche für die Neubruchhausener Bestimmungen.
Die Entnahmestellen liegen in der Nordecke des Jagens 74. Von
dem 75—80jährigen Kiefernbestand, der ehemals durch Heideauf=
forstung begründet ist, stehen etwa 18 m hohe Überhälter mit wenig
guter Krone, zu 0,3 geschlossen. Der letzte Hieb ist 1921/22 geführt,

Tabelle 8. Neubruchhausen.

Juli 1923	Luft-Temperatur	Boden-Temperatur	Be-wölkung	A	B	C	D	E	F	G	H	J	K	L	M	N	O	P	Q	R	S	T	Regen
				$g\,CO_2$ je 1 qm in 24 Std. — Reihen III																			
4.	16^0			11,5			9,3																
5.	$19^1/_2{}^0$				14,4																		
6.	$20^1/_2{}^0$	$15^1/_4{}^0$	klar			14,1			23,0			15,5											
7.	$21^1/_4{}^0$	$15^3/_4{}^0$					10,2																
8.	23^0	17^0			14,5			33,6		20,6													
9.	$23^1/_2{}^0$	$17^1/_2{}^0$							21,2		14,4												
10.	$23^1/_2{}^0$	$17^1/_2{}^0$		13,0			12,3				21,8												
11.	$22^3/_4{}^0$	$16^1/_2{}^0$	ständig		12,1			27,1															
12.	$23^1/_2{}^0$	$16^3/_4{}^0$				11,0				20,7			15,1										
13.	$24^3/_4{}^0$	$17^1/_2{}^0$		11,7							23,8			13,2									
14.	$24^1/_2{}^0$	$18^1/_4{}^0$	$^3/_4\,^3/_4\,^3/_4$		12,1										23,6	13,7								etwas Gewitter
15.	21^0	$16^3/_4{}^0$	$0\;^1/_2\,^1/_1$			12,9							13,0				16,9							etwas Gewitter
16.	$18^1/_4{}^0$	15^0	R. R. $^1/_1$	13,9										11.6	14,6								sehr stark
17.	17^0	$14^1/_2{}^0$	$^1/_4\,^1/_2\,^1/_1$		13,8											19,0	20,3						
18.	$17^3/_4{}^0$	$13^1/_4{}^0$	$0\;^1/_1\;0$			11,8							10,9					16,7					etwas
19.	$16^1/_2{}^0$	$13^1/_4{}^0$	$^1/_2\,^1/_1\,^1/_2$	13,6										16,8									
20.	$16^3/_4{}^0$	$13^1/_2{}^0$	$^1/_1\,^1/_1\,^1/_1$		12,1													14,3		11,0			etwas
21.	$17^3/_4{}^0$	14^0	$^3/_4\,^1/_2\;0$			12,0															16,0	20,3	
22.	$17^1/_4{}^0$	14^0	$^1/_1\,^1/_2\,^1/_2$	12,8															12,8	12,6			
23.	$18^1/_4{}^0$	15^0	$^1/_4\,^1/_1\,^1/_2$																		13,6	18,7	etwas
24.	$17^1/_2{}^0$	14^0	$^3/_4\,^3/_4\,^3/_4$			11,9													13,3	12,4			
%				100			88	227	163	178	174	110	102	98	198	109	140	120	105	98	133	168	%

einige Stämme sollen noch gehauen werden, damit nur die besten als Überhälter bleiben. Zur Begründung des Bestandes, der in diesen hineinwachsen soll, wurde im Jahre 1912/13 der Trocken=torf in der Weise beseitigt, daß er mit der Twicke und der Schaufel in 3,5 m breiten Streifen bis auf den Mineralboden entfernt und in 1,5 m breiten Dämmen zusammengeworfen wurde. Dann wurde auf dem Streifen Buchenvollsaat ausgeführt; in 8,5 m Entfernung voneinander wurden Lärchensaatplätze angelegt, die später zum Teil als Ballen verpflanzt wurden, und in 4,5 m=Quadratverband Tannen durch Ballenpflanzung eingebracht. Dazu stellte sich natürlicher Birkenanflug ein.

Unmittelbar neben den Probestellen, die nur $1/_2$ m voneinander entfernt und in der Mitte zwischen den Trockentorfbalken liegen, stehen eine 1,2 m hohe Lärche und 10jährige Buchen, 1—2 m hoch, im Durchschnitt 1,20 m, auch einzelne Birken.

Die Bodendecke ist gebildet durch eine etwa 2 cm hohe Schicht aus Kiefernnadeln und Buchen= und Birkenblättern, in der sich Hypnum und Trientalis europaea findet. Lärchennadeln sind nicht mehr zu erkennen; es leben reichlich Ameisen in diesem Boden=überzug. Der Boden selbst besteht bis zu 15 cm Tiefe aus humosem dunkelbraunen Flottlehm, der darunter in hellgrauen Flottlehm übergeht.

Die Werte sind zum Vergleich = 100 gesetzt. Die Kurve der CO_2=Mengen folgt zunächst den Temperaturkurven, darauf sinkt sie, obgleich die Wärme fast die gleiche bleibt und dann recht erheblich steigt. Nach dem Regen fällt die Temperatur, die CO_2=Abgabe steigt aber beträchtlich und folgt dann, da mehrmals geringe Regen=fälle eintreten, ziemlich der Temperaturkurve. Offenbar haben infolge der Austrocknung während der heißen Tage die Kleinlebe=wesen Mangel an Wasser gelitten, und daher haben sie nur weniger Kohlensäure geliefert.

III D und E. Die Entnahmestellen III D und III E liegen im gleichen Bestand wie III A—C. Es stehen auch hier 75—80jährige Überhälter, 0,2—0,3 geschlossen, 15—18 m hoch. Die Boden=bearbeitung wurde erst im Wirtschaftsjahr 1922/23 vorgenommen. Es wurde mit Twicke und Schaufel der Bodenüberzug auf 2 m breiten Streifen vollständig beseitigt und auf 1 m breiten Dämmen zusammengeworfen. Auf die Streifen wurde im Herbst abwechselnd Tanne, und statt Buche Laubholzmischung, nämlich Ahorn, Hain=

buche und Esche, gesät, außerdem im 3 m-Quadratverband Rot-
eiche und Traubeneiche eingestuft.

Die Probestelle III D liegt mitten auf einem Laubholzstreifen,
auf dem Ahorn und die Eichen gut gelaufen sind. Auf dem nackten
Mineralboden liegen nur einzelne Kiefernadeln. Der Boden ist ein
dunkelgrauer, allmählich hellgrau werdender Flottlehm.

III E liegt auf einem Trockentorfdamme, welcher oben 1 m breit
und 30—35 cm hoch und in der kurzen Zeit fest zusammengesunken
ist. Zwischen dem eigentlichen Torf liegt etwas dünnes Reisig und
auch Mineralboden. In ihm leben Ameisen; eine Begrünung fehlt
noch gänzlich.

Wie zu erwarten war, ist die CO_2-Entwicklung zwischen den
Dämmen (III D) auf dem nackten Mineralboden ziemlich niedrig,
am meisten von allen Neubruchhausener Versuchen unter den
Standardwerten. Die Kurve läuft entsprechend der Temperaturkurve, d. h. die CO_2-Entwicklung steigt mit der Temperatur, während
sie bei den meisten anderen Versuchen mit einer Rohhumus- oder
Trockentorfauflagerung bei der starken trocknenden Hitze langsam
zurückging. Die Zersetzungsbakterien litten also nicht an Wasser
Mangel, da der dichte Flottlehmboden das Wasser gut hält.

Auf dem Damm ist die CO_2-Menge die höchste, die je festgestellt
wurde, 33,6 und 27,1 g CO_2 pro Quadratmeter, bei hoher Luft-
und Bodentemperatur. Obgleich die Temperatur ziemlich die gleiche
bleibt, sinkt doch die CO_2-Produktion in 3 Tagen um 6,5 g, d. i.
fast ein Viertel von 27,1 g, da infolge der Dürre im Trockentorf,
welcher Wasser in großer Menge aufzusaugen vermag, es aber
ebenso schnell wieder abgibt, die Zersetzungsbakterien an Wasser
Mangel hatten.

Die gesamte Menge der CO_2 auf der nach Erdmannscher Methode
behandelten Fläche ergibt sich aus folgender Rechnung: Auf zwei
Dritteln der Fläche findet sich am 7. 7. 10,2 g CO_2, auf einem Drittel
der Fläche am 8. 7. 33,6 g; das gibt im Durchschnitt $2 \cdot 10,2 = 20,4$
$+ 33,6 = 54,0 : 3 = 18$ g CO_2. Die Standardkurve zeigt am 8. 7.
14,5 g. Die gleiche Rechnung ergibt für den 10. und 11. 7. 17,2
im Vergleich zu 13,0 bzw. 12,1 der Standardkurve. Der Durchschnitt der behandelten Fläche liegt also um 24 bzw. 35 bzw. 42 %
über der Standardkurve. Im einzelnen liegt III D am 4. 7. 20 %
und am 10. 7. 5 % unter, III E am 8. 7. 131 % und am 11. 7.
123 % über den Vergleichswerten.

III F liegt etwa 20 m von III D und E entfernt. Es stehen auch hier die 75—80jährigen Überhälter. Bei Begründung der Kiefern wurden Rabatten angelegt, und der Bodenaushub wurde auf die schon vorhandene Trockentorfschicht geworfen. 1913 wurden ohne Bodenbearbeitung Buchen gesät.

Der Boden ist mit einer ziemlich dichten Decke von Heidelbeere überzogen, zwischen der einzelne 30—80, im Durchschnitt 50 cm hohe Buchen, einzelne Birken und kümmernde Tannen stehen. Andere Stellen sind ganz mit Calluna und Erica tetralix bedeckt. An der Entnahmestelle ist die Heidelbeere 35 cm hoch. Der Boden=einschlag zeigt eine 5 cm starke Rohhumusschicht aus Kiefernnadeln, die schwach verfilzt und von Hypnum durchwachsen ist, darunter 5 cm grauen Flottlehm, in dem das Beerenkraut wurzelt, 3—5 cm dunkelbraunen strukturlosen Trockentorf, 20 cm schwarzgrauen humosen Flottlehm, der dann allmählich in hellgrauen Flottlehm übergeht.

Die CO_2=Kurve liegt sehr hoch, am 6. 7. 63% über der Standard=kurve. Die große Kohlensäuremenge kommt jedoch den Forst=pflanzen nur zum kleinen Teil zugute; das meiste wird von der Heidelbeere und der Heide geschluckt. Der Versuch, eine Kultur ohne Bodenbearbeitung auf altem Trockentorf zu begründen, zeigt, daß er keiner Wiederholung wert ist.

III G liegt im Jagen 76. Das Oberholz besteht aus 75—80jäh=rigen, 18—20 m hohen, 0,2 geschlossenen Kiefern, hervorgegangen aus Rabattenkultur. Der Bodenaushub wurde damals auf den schon vorhandenen Trockentorf geworfen und schnitt ihn nun ganz von der Luft ab, preßte ihn jedoch ziemlich zusammen. Im Jahre 1908 wurde auf der ganzen Fläche Bodenbearbeitung nach dem dänischen Verfahren vorgenommen; ohne vorheriges Entfernen des Trockentorfes wurde der Boden durchgearbeitet mit dem Pflug und der Rollegge, unmittelbar neben den Stämmen mit der Forke, und mit 50 Zentnern Kalk pro Hektar gedüngt. Im Jahre 1910 wurde breitwürfig Buche ausgesät; in den folgenden Jahren wurden durch Ballenpflanzung Tanne in 4,5 m= und Lärche im 8,5 m=Quadrat=verband eingebracht. Dazu hat sich Birkenanflug eingestellt. Die Buchen, welche sehr dicht stehen, sind jetzt durchschnittlich 4 m — für das geringe Alter eine sehr beträchtliche Höhe —, die Lärchen 2,5—5 m, im Durchschnitt 4 m hoch; die Tannen sind stark über=wachsen.

Das Bodenprofil zeigt folgendes Bild: 2 cm Buchenblätter und Kiefernnadeln, 6 cm schwarzer, mit Mineralboden gemengter Trocken-torf, in dem einzelne Kalkstücke liegen, 4 cm brauner Kiefertrocken-torf, 5 cm dunkelgrauer Flottlehm, 8 cm tiefschwarzer Trockentorf, der schon vor Anlage der Rabatten vorhanden war, und darunter grauer Flottlehm. Der schon vor 80 Jahren vorhandene Trocken-torf zeigt nach dem Luftabschluß eine sehr üble Form. Bei der Bearbeitung nach dem sog. dänischen Verfahren ist der Eingriff nicht tief genug erfolgt, d. h. die zweite Trockentorfschicht ist nicht oder nur an besonders günstigen Stellen ganz durchbrochen und mit dem Boden gemengt. Es zeigt sich jetzt, daß zur Gesund-machung des Bodens diese sehr teure, aber nicht durchgreifende Bearbeitung ungenügenden Erfolg gehabt hat. Unter dem Einfluß des Kalkes hat sich zwar die obere bearbeitete Schicht zum großen Teil zersetzt; denn es ist anzunehmen, daß der Pflug und die Roll-egge erheblich tiefer als 6 cm eingegriffen haben. Dafür spricht auch die ziemlich hohe CO_2-Menge, 68 bzw. 88 % über der Standard-kurve. Trotz der hohen Kohlensäuremenge und des durch sie be-dingten hervorragenden Wuchses der Kultur ist das Verfahren zu verwerfen, da alle Vorbedingungen für eine neue starke Trocken-torfbildung gegeben sind.

III H im Jagen 75. Der Bestand besteht aus 70—80jährigen Kiefern mit schlechtgeformtem Stamm und schlechter Krone, durch-schnittlich 12 m hoch und 0,7 geschlossen, hervorgegangen aus Heide-aufforstung. Darunter stehen einzelne kümmernde Tannen und Eichen. Die Eichen stammen vom Häher, die Tannen wurden 1903 nach von Bentheims Angabe als 5jährige verschulte weit-ständig verpflanzt.

An der Versuchsstelle stand 6—10 cm hoch das Moos Leuco-brium glaucum, welches auf einer 5—7 cm dicken Schicht hell-braunen Kieferntorfes haftete. Darunter lag bläulichweißer bis gelblichweißer Flottlehm. Die Versuchsstelle liegt dicht am Nord-rand einer etwa 30 m im Durchmesser großen Bestandeslücke, eines Hochmoores mit niedrigem Gestrüpp.

Die CO_2-Menge ist überraschend groß. Am 8. 7. ist sie 42 % und am 13. 7. 103 % höher als die Standardwerte. Das Moos hält das Wasser außerordentlich lange; infolgedessen litten die Bakterien an dieser Stelle auch nach der langen Dürre nicht an Wasser Mangel. Deshalb konnte die Kohlensäurekurve mit der Temperaturkurve

steigen. Von den Pflanzen konnte diese große Menge nicht aus=
genützt werden, da sie der Wind von der Lücke sehr bald entführt.
Außerdem, was vielleicht noch wichtiger ist, mußten sie im Trocken=
torf wurzeln.

III J im Jagen 76 liegt in einem 25jährigen Traubeneichen=
bestand, der auf einer Windfallücke des Kiefernbestandes (vgl. III G)
ohne Entfernen des Trockentorfes durch Streifensaat begründet
wurde. Die Eichen, zwischen denen sich durch Anflug einzelne
Birken angefunden haben, sind 4—7 m, im Durchschnitt 5 m hoch.

Die Bodendecke besteht aus einer dünnen Auflage von Eichen=
blättern und Polytrichum, darunter liegt eine 6 cm starke Schicht
dunkelbraunen bis schwarzen Trockentorfes. Der Boden selbst ist ein
dunkelbraun bis grauer humoser Flottlehm, der bei 15 cm Tiefe
allmählich heller wird. Die CO_2=Menge liegt etwa 10% höher als
die Standardkurve.

III K, L und M liegen im Jagen 68, Abt. b. Unter 70—75jäh=
rigen, 22 m hohen Kiefern, die aus Heideaufforstung hervorgegangen
und vor etwa 10 Jahren in die für den zweialtrigen Betrieb er=
forderliche Stellung gebracht sind, wurde im Jahre 1909/10 der
Trockentorf auf 8 m breiten Streifen entfernt und in 2 m breiten
Dämmen zusammengeworfen. 1910/11 wurde auf den Streifen
Buchenvollsaat ausgeführt, und in den folgenden 3 Jahren wurden
Tannen und Lärchen durch Ballen eingesprengt. Der Buchen=
jungwuchs hat sich durch den ganzen Bestand hindurch wellenförmig
entwickelt: neben den Trockentorfdämmen ist die Wuchsleistung eine
bedeutend größere als in der Mitte der Streifen. Es liegt nahe,
diese Unterschiede mit der größeren oder geringeren CO_2=Menge zu
erklären, die den Pflanzen zur Verfügung gestanden hat und steht.
Es wurden also nebeneinander drei Versuchsstellen eingerichtet:
III K, in der Mitte eines Streifens; die Buchen, welche etwas
lückig stehen, sind hier 0,8—1,3 m hoch, im Durchschnitt 1 m. III L,
etwa 1 m vom Damm entfernt und von diesem durch ein $^1/_2$ m
tiefes Loch, das von dem Übererden der Buchensaat herrührt, ge=
trennt, so daß kein Trockentorf vom Damm zur Versuchsstelle durch
den Regen gespült werden konnte und die Buchen ihre Wurzeln
nicht unter den Damm zu schieben vermochten. Die Buchen stehen
sehr dicht und sind hier 2,2—3,5 m hoch, im Durchschnitt 3 m.
III M, am inneren Rande des Dammes, 1,5 m von III L ent=
fernt.

Bei III K ist ein 3—5 cm starker Überzug aus sich gut zersetzenden Kiefernnadeln und Blättern zu finden, zwischen dem etwas süßes Gras und Hypnum wächst. Der Boden besteht bis zu 20 cm aus dunkelgrauem bis schwarzem humosen Flottlehm, der allmählich in hellgrauen Flottlehm übergeht.

Bei III L findet sich eine 5 cm starke Auflagerung von sich gut zersetzenden Buchenblättern; eine Begrünung fehlt ganz. Der Boden ist wie bei III K beschaffen.

Der Damm, auf dem III M liegt, ist 2 m breit, an der höchsten Stelle 60 cm, an der Versuchsstelle 40 cm hoch. Er besteht aus hellbraunem Kieferntrockentorf, zwischen den nur wenig Mineralboden gemengt ist. Der Damm ist sehr in sich zusammengesunken. Er ist bedeckt von einem dichten Überzug aus Calluna und Erika (30—50 cm hoch), Heidelbeere (30 cm) und einem zusammenhängenden Polster von Hypnum und Polytrichum (6—8 cm), dazwischen stehen verschiedene Gräser.

An den Stellen III K und III L folgt die CO_2-Menge nahezu der Erdtemperaturkurve; sie ist bei III K um ein Geringes höher als bei III L, da hier die dichte Buchenbelaubung eine Erwärmung des Bodens durch die Sonnenstrahlen erschwert. Im Mittel der 6 Versuche ist für III K und III L die CO_2-Menge genau die gleiche wie bei den Standardversuchen. Bei III M ist natürlich bedeutend mehr CO_2 zu finden, am 14. 7. fast das Doppelte der Vergleichsmenge.

Das bessere Wachstum neben dem Damm, also bei III K, ist nur als Wirkung der größeren CO_2-Menge, die auf dem Damm entsteht, zu erklären. Eine Düngung, etwa durch die im Humus enthaltenen Mineralstoffe oder durch Stickstoff, kann nicht in Frage kommen, da das oben beschriebene Loch die Wurzeln nicht unter den Damm gelangen läßt.

III N liegt im Jagen 47, Abt. a. Der Bestand ist gebildet durch 110—130jährige Kiefern, 30—32 m hoch, 0,07 geschlossen, erste Generation nach Laubholz, mit gleichaltrigen, aber völlig unterständigen Buchen und einzelnen Eichen gemischt. Die Wuchsleistung des Bestandes ist hervorragend, der Bodenzustand aber fast hoffnungslos. 60 cm hohe, sehr üppige Heidelbeere bedeckt den Boden. Der Einschlag zeigt folgendes Bild: 3 cm unzersetzte Kiefernnadeln, Buchen- und Eichenblätter und dünnes Reisig; 15 cm brauner, strukturloser Kieferntorf; 15 cm tiefschwarzer, strukturloser Buchentorf; 8 cm schwarzgrauer, humoser Flottlehm; 40 cm (allmählicher Übergang) hellgrauer Flottlehm; 8 cm schwarzbrauner, zerreiblicher Ortstein, dazwischen grober Kies und Geröll; mehr als 20 cm rostroter, steinharter Ortstein. Dieser ist so fest, daß zur Schonung des Spatens das Durchbrechen der Schicht aufgegeben wurde. Im übrigen ist dieser Bodeneinschlag der einzige, der bis zur Tiefe der Ortsteinschicht ausgeführt wurde. Bei der Verjüngung des Vorbestandes (Buche) war bereits eine mächtige Rohhumusschicht vorhanden. Auf diese alte Lage und durch sie vom Boden abgeschlossen und in der Zersetzung noch mehr unterbunden, türmte sich der Abfall des neuen Kiefern-Buchenbestandes auf, so daß sich nun eine Rohhumusschicht, die an anderen Stellen bis zu 50 cm stark ist, gebildet hat. Hand in Hand damit ging die Bildung des Ortsteins, der hier, wie meist im Flottlehm, ziemlich tief liegt. Herr Forstmeister Erdmann pflegt bei Exkursionen an dieser Stelle zu sagen: „Hier ist die Forstwirtschaft an ihrem Ende."

Die Zersetzung ist im Vergleich zu anderen Trockentorflagern eine recht schlechte: die Werte liegen nur 13 bzw. 5 % über den Standardwerten. Ob in früherer Zeit eine bessere Zersetzung stattgefunden hat, kann natürlich nicht gesagt werden. Ich möchte es jedoch angesichts des sehr guten Bestandes annehmen.

III O im Jagen 47, Abt. c, ein vollgeschlossener Bestand aus 80jährigen Kiefern, 25—28 m hoch, im Durchschnitt 26 m, und gleichaltrigen zwischen- oder etwas unterständigen Buchen, hervorgegangen aus Pflanzung. Im Jahre 1904 wurde an diesem Bestand als auffällig bezeichnet, daß die Mischung Kiefer-Buche keinen Trockentorf gebildet hätte. Schon 1913, also nach 9 Jahren, fand sich eine erhebliche Trockentorfschicht. Jetzt zeigt der Bodeneinschlag 3 cm lose Kiefernnadeln und Buchenblätter, 8—10 cm braunen Rohhumus, dessen obere Hälfte noch etwas verfilzt ist, während die untere schon pulverig ist, 2—3 cm dunkelgrauen, humosen Flottlehm, darunter graugelben Flottlehm. Daß erst seit verhältnismäßig kurzer Zeit ungesättigter Humus vorhanden ist, jetzt aber in ziemlich übler Form, zeigt die schwache Schicht des humosen Flottlehms, einer Art Bleichsand, dessen Farbe durch hineingewaschene Humuskolloide bedingt ist.

Die CO_2-Menge liegt 32 bzw. 48 % über den Standardwerten. An dieser Stelle macht sich der Einfluß des starken Regens nach der langen Dürre besonders auffallend bemerkbar.

III P im Jagen 48, Abt. b. Schlecht geformte 95—100 jährige, 28—30 m hohe Buchen, 0,9 geschlossen; der Vorbestand war auch Laubholz. Der Boden ist bedeckt mit 3 cm losen Buchenblättern und 10—12 cm dunkelbraunem bis schwarzem Buchenrohhumus, in Schichten verfilzt. Der Boden besteht aus 20 cm schwarzgrauem, humosen Flottlehm und darunter mit allmählichem Übergang aus grauem Flottlehm. Die CO_2-Menge beträgt 121 bzw. 120% der Standardwerte.

III Q im Jagen 47 b. Auf Abtriebsfläche eines ehemaligen Buchenbestandes (s. III N) begründeter, jetzt 85 jähriger, lückiger Bestand aus 15 m hohen, sehr schlecht geformten Eichen, dem einige Buchen beigemischt waren, welche aber vor 6—7 Jahren geräumt sind. Er ist unterbaut mit Buchen aus Naturverjüngung, die jetzt etwa 30 cm hoch sind und vereinzelt stehen, sowie mit als Ballen gepflanzten Tannen und Lärchen. Die Bodendecke ist sehr fest und macht einen ausgehagerten Eindruck. Sie besteht aus einer höchstens 1 cm starken Schicht von losen Eichenblättern, zwischen denen etwas Polytrichum wächst, und 3—5 cm schwarzer pulveriger Modererde, aber kein Trockentorf. Darunter liegt ein dunkelgraubrauner humoser Flottlehm (8 cm), der in gelbbraunen Flottlehm übergeht. Die Eichen-Buchenmischung hat es nicht zu Trockentorfansammlung kommen lassen; die Aushagerung wird erst nach dem Buchenaushieb eingetreten sein. Die CO_2-Menge ist gleich bzw. um 11% größer als die der Standardstelle.

III R und S im Jagen 61. Unter 75—80 jährigen Kiefern mit breiter Krone, die 18—20 m hoch und 0,4 geschlossen sind und die zweite Nadelholzgeneration bilden, wurde im Jahre 1905/06 der Trockentorf auf einer größeren zusammenhängenden Fläche vollständig beseitigt und abgefahren. Dann wurde Buchenvollsaat gemacht und Tanne und Lärche eingesprengt. Die Buchen zeigen teils einen hervorragenden Wuchs, teils kümmern sie, ohne daß ein augenfälliger Grund dafür vorhanden ist.

III R liegt in dem geringeren Teil. Die Buchen stehen an sich genügend dicht, sie sind aber nur 20—40 cm hoch, im Durchschnitt 30 cm. Zwischen ihnen hat sich etwa Calluna angefunden. Der Bodeneinschlag zeigt eine 3—5 cm starke Schicht von Hypnum und Reisigstreu, 1—3 cm sich gut zersetzende Kiefernnadeln, 3 cm grauen humosen Flottlehm, darunter ockergelben Flottlehm.

Bei III S stehen die Buchen sehr dicht und sind 2,5—3,5 m hoch, im Durchschnitt 3 m hoch. Dazwischen wachsen einzelne 2,5 m hohe

Himbeersträucher. Die Tannen sind 2 m hoch. Der Boden ist bedeckt durch 2 cm lose Buchenblätter und 3 cm dunkelbraunen, schwach verfilzten Rohhumus. Der Boden besteht aus 5 cm grauem humosen Flottlehm, darunter aus gelbem Flottlehm.

Bei III R liegt die CO_2-Produktion im Durchschnitt etwas (2%) unter der Standardkurve. Bei III S ist sie dagegen höher, am 21. 7. um 33%. Dieser Unterschied dürfte eine Erklärung für den besseren und geringeren Wuchs der Buchen geben, wenn man annimmt, daß er schon vor der Ablagerung einer größeren Humusmenge bei III S vorhanden war. Bei einer genügenden Lockerung des Buchenunterstandes dürfte es möglich sein, besonders da ein Mischbestand vorliegt, die gebildete Rohhumusschicht zum Zersetzen zu bringen. Das würde eine Mehrung der CO_2-Abgabe für längere Zeit bedeuten, die der Bestand mit einer verstärkten Wuchsleistung beantworten dürfte.

III T im Jagen 48, Abt. c. Ein 65jähriger Bestand aus Kiefern, Fichten und Buchen nach Laubholz. Die Entnahmestelle III T liegt an einer Stelle, auf der nur reine Fichten stehen, welche 23 m hoch und 0,8 geschlossen sind. Eine 8 cm starke Schicht von braunem Trockentorf mit etwas Polytrichum bedeckt den Boden, welcher bis 5—7 cm aus schwarzbraunem, humosen Flottlehm, darunter allmählich übergehend aus gelblichgrauem Flottlehm besteht. Die CO_2-Menge ist auffallend hoch; am 20. 7. liegt sie 68% höher als der Vergleichswert.

Zusammenfassung. Vergleicht man die Neubruchhausener Versuchsreihen mit den Standardversuchen und untereinander, so zeigt sich folgende Stufenleiter: (durchschnittlich!)

227% III E. Junger Trockentorfdamm.

198% III M. Älterer Trockentorfdamm.

178% III G. Starker bearbeiteter und gekalkter Trockentorf unter dichtstehenden Buchen.

174% III H. Starker Kieferntrockentorf.

168% III T. Starker Fichtentrockentorf.

163% III F. Verheidete und mit Torf überlagerte Rabattenkultur.

140% III O. Torf unter Kiefern-Buchenmischbestand.

133% III S. In einer vorwüchsigen 17jährigen Buchendickung, vor deren Begründung der Torf auf ganzer Fläche entfernt war.

120% III P. In Buchenaltholz.
110% III J. In einem 26jährigen Traubeneichenbestand.
109% III N. Kieferntorf auf Buchentorf.
105% III Q. Alter Eichenbestand ohne Trockentorf.
100% III A—C. Standardstelle; 10jähriger Buchenunterbau nach Entfernung des Trockentorfes.
100% III K und L. In 13jährigem Buchenunterbau nach Trockentorfentfernung.
 98% III R. Zurückbleibender 17jähriger Buchenjungwuchs nach Entfernung des Trockentorfes auf voller Fläche.
 88% III D. Streifen zwischen Trockentorfdämmen, auf dem der Torf erst im letzten Winter bis auf den Mineralboden entfernt ist.

Die Bestimmungen in Neubruchhausen zeigen deutlich, welch großes Kapital an Kohlenstoff, der für neue Holzerzeugung nutzbar zu machen ist, in dem Trockentorf aufgespeichert liegt. Man würde also sich gleichsam am Walde versündigen, wenn man den Torf gänzlich beseitigen wollte, etwa durch Hinausfahren aus dem Wald oder durch Verbrennen. Nur wo er zu einer allzugroßen Mächtigkeit angewachsen ist, wird man vielleicht im Abbrennen die einzige Möglichkeit haben, den Boden für eine weitere Holzerzeugung zu erhalten. Erdmann hat auch den fördernden Einfluß des auf Dämme zusammengeworfenen Torfes für die nähere Nachbarschaft gesehen und läßt neuerdings möglichst alles im Wald. Er hat zwar die Erklärung in einer reichlicheren Mineralstoff= oder Stickstoff= ernährung gesucht; ich glaube durch meine Versuche der Reihen III K—M gezeigt zu haben, daß nur eine bessere Kohlenstoff= ernährung die Ursache sein kann.

Das Ideale wäre natürlich, daß der Trockentorf durch irgendeine Bearbeitung oder durch Impfung mit Bakterien bei gleichzeitiger Zugabe von Kalk oder auf andere Weise an der Stelle, wo er liegt, zur Zersetzung gebracht würde. Bisher scheint noch kein Verfahren zu bestehen, das auch für norddeutsche Verhältnisse diesen Wunsch erfüllen könnte. Durch Erdmanns Aufwerfen auf Dämme, so daß zwischen diesen der nackte Mineralboden liegt, kommt man wohl zu der besten, heute bekannten Ausnutzung, welche gleichzeitig die Begründung einer neuen Waldgeneration gestattet. Die Dämme müssen so nahe beieinander liegen, wie das aus anderen Gründen möglich ist; Erdmann hat da 2 m Zwischenraum zwischen 1 m breiten Dämmen als das Günstigste gefunden. Selbstverständlich sind waldbauliche Maßnahmen, wie das richtige Maß des Bestandes=schlusses herzustellen, auch von größter Bedeutung.

12. Die Bärenthorener Bestimmungen.

Das besonders durch die Veröffentlichungen des verstorbenen Oberforstmeisters Prof. Dr. Möller (31) bekannt gewordene Revier des Kammerherrn von Kalitsch in Bärenthoren, Kreis Zerbst, hat den Anlaß zu einer größeren Zahl von Zeitschriftenartikeln gegeben und hat sich zu einem forstlichen „Wallfahrtsort" entwickelt. Es ist daher in den weitesten Kreisen das Eigenartige des zweialtrigen Hochwaldbetriebs des Herrn von Kalitsch, der grundsätzlich alles anfallende Reisig liegen läßt, jeden Kahlschlag vermeidet, nur natürliche Verjüngung benutzt und jeden zu hauenden, nach eigener Methode ausgewählten Stamm persönlich auszeichnet, bekannt ge=worden, so daß es sich erübrigt, an dieser Stelle darauf einzugehen.

Das Klima (31 S. 4) ist ausgesprochen trocken und niederschlags=arm, insbesondere ist die Zeit der Frühsommerdürre dort sehr empfindlich. Die Sommergewitter ziehen in der Regel an Bären=thoren vorbei. Die durchschnittliche Regenhöhe dürfte 500 mm be=tragen.

Die Bärenthorener Böden hat Albert (3) einer eingehenden Untersuchung unterzogen. Aus seinen Untersuchungen geht hervor, daß die Bärenthorener Böden einen weit verbreiteten Typus nord=deutscher Diluvialsande darstellen, der sowohl seiner stofflichen Zu=sammensetzung nach als auch insbesondere in seinen physikalischen Eigenschaften keineswegs etwa besonders günstig beschaffen ist. Es sind Hochflächensande von absoluter physikalischer Gleichmäßigkeit mit durchweg gröberem Korn, vielfach sogar kiesig bis steinig. Die Bestandteile von 0,2—2 mm Größe machen 80—85% aus. Bei 28 Untersuchungen betrug der Humusgehalt der Oberkrume im Mittel 2,06, der des Untergrundes 0,29%, der Stickstoffgehalt der Oberkrume 0,072, der des Untergrundes 0,018%. Bei zwei Paar benachbarten Beständen, die nach Bärenthorener bzw. nach der alten Art behandelt waren (70jährige Kiefernbestände), ergaben die Bärenthorener einen Humusgehalt von 2,55 und 2,35%, die der Zerbster Stadtforst einen solchen von 1,60 und 1,40%; das Porenvolumen betrug 52,20 und 51,85 bzw. 46,20 und 44,56%.

Der Gehalt des in Salzsäure löslichen Kalkes, 0,04% erscheint relativ gering; er reicht aber nach Alberts Berechnung für 300 Jahre. Durch Verwitterung können aber weitere rund 0,3% Kalk frei werden, so daß der Bedarf für viele Jahrtausende gedeckt ist.

Meine Kohlensäurebestimmungen, die im nachstehenden einzeln beschrieben und in Tab. 9 und kurvenmäßig in Abb. 6 zusammengestellt sind, hatten ein zunächst überraschendes Ergebnis. Alle diejenigen Stellen, an denen der Bodenüberzug als besonders gut angesehen wurde und an denen von Kalitschs Methode am besten zu wirken scheint, zeigten eine geringere CO_2-Produktion als diejenigen, an denen bis vor kurzer Zeit Streu gesammelt war oder sich eine sich scheinbar schlechter zersetzende Bodendecke befindet. Die ersteren Stellen, an denen für die Bakterien besonders günstige Bedingungen vorzuliegen scheinen, lassen eine stärkere Zersetzung und somit eine höhere CO_2-Menge erwarten. Daß dies nicht der Fall ist, kann ich mir nur so erklären: An den besseren Stellen ist die Zersetzung tatsächlich eine intensivere. Bei der in Bärenthoren überall auffallend raschen Verwesung der Streu geht die Zersetzung an diesen Stellen in der Hauptsache in den Frühjahrsmonaten vor sich. In diesen wird das Verhältnis der CO_2-Produktion wahrscheinlich umgekehrt sein, als ich es gefunden habe. Denn im Hochsommer, in den meine Untersuchungen fallen, ist die überwiegende Menge der zersetzbaren organischen Substanz hier bereits zu CO_2 oxydiert, im Gegensatz zu denjenigen Stellen, an denen im Frühjahr die CO_2-Entwicklung gering war, und deshalb später mehr zersetzbare Streu liegt. Ob diese meine Vermutung richtig ist, kann nur eine Untersuchung der gleichen Stellen im Frühjahr ergeben, für die sich, so möchte ich hoffen, irgendeine Möglichkeit finden lassen wird (s. auch S. 112).

IV A—C stellen die Standardstellen für die Bärenthorener Bestimmungen dar. Sie liegen in der Försterei Krakau der Zerbster Stadtforst, im Jagen 36, in dem bis vor wenigen Jahren Streunutzung vorgenommen wurde, während jetzt wie in Bärenthoren Reisig und Nadelstreu liegen bleiben. Der Bestand besteht aus 70jährigen Kiefern, die 17 m hoch und 0,6 geschlossen sind. Er ist auf altem Waldboden durch Saat begründet. Eine nur $^1/_2$—1 cm dicke Schicht von Kiefernnadeln bedeckt den Boden. Dieser besteht aus einer etwa 1 cm starken, ziemlich verhärteten Lage von hellgrauem Sand, darunter liegt gelber Sand.

Tabelle 9. Bärenthoren.

g CO_2 je 1 qm in 24 Std. — Reihen IV

Aug. 1923	Luft-Temp.	Boden-Temp.	Bewölkung	A	B	C	D	E	F	G	H	J	K	L	M	N	O	P	
4.	15°	13 1/4°	1/1 1/1 1/1				9,5			12,4									
5.	15°	13 1/4°	3/4 1/1 3/4								13,6								
6.	18°	14 1/2°	0 0 0						11,3	11,7									
7.	20 1/4°	15 1/2°	0 1/4 3/4				8,3				14,1								
8.	20°	16 1/4°	1/1 1/2 0		10,1			11,5		11,3									
9.	22°	17 1/4°	0 0 0						12,0										
10.	22 1/2°	17 1/2°	0 0 1/1		9,9		9,2												
11.	18°	15 1/2°	1/2 1/2 0					11,0				12,8							
12.	16 1/2°	14 1/2°	1/2 3/4 3/4	9,8									9,7	10,9					
13.	17°	14°	0 1/1 1/1		7,1							9,0			7,5				
14.	19 1/2°	16°	3/4 0 0			10,1							11,1			15,7			
15.	18 1/2°	15 1/2°	0 0 R. 1/1	10,5										12,7			9,1		mittl. Gewitterregen
16.	15°	13 1/2°	3/4 1/4 R. 1/1 R.		9,2										8,4			15,3	häufige Regenschauer
17.	15 1/4°	13°	1/1 1/1 1/1			10,7										14,2	7,4		nachts starker Regen
18.	16°	13 3/4°	1/1 R. 3/4 R. 1/1 R.	12,4											10,1			15,5	kleinere Regenschauer
19.			1/1 R.																
				100%			93	114	120	112	160	129	105	116	93	145	79	145	

Die einzelnen Werte f. Tab. 9. Für den Vergleich der ein=
zelnen Versuchsstellen untereinander sind die Standardwerte mit
100 eingesetzt. Die Werte für die ersten Tage fehlen, da von un=
bekannter Seite am ersten Tage der Apparat umgeworfen und am
zweiten die Glasglocke gestohlen wurde; diese neu zu beschaffen und
für den Blechzylinder einzurichten, dauerte einige Tage. Zu be=
achten ist die vermehrte CO_2=Entwicklung nach dem Regen, trotz
Fallens der Temperaturkurve.

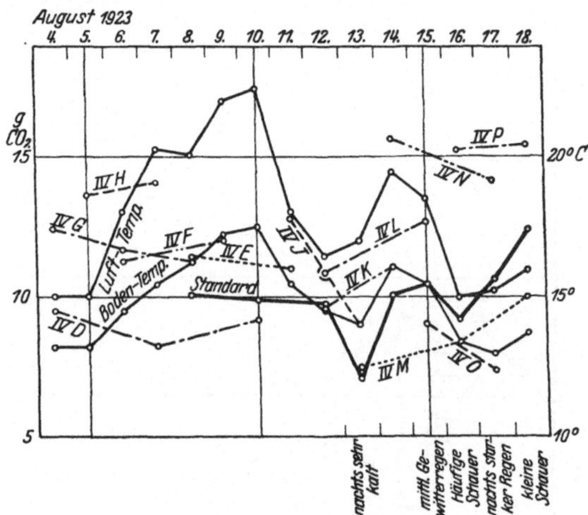

Abb. 6.   Bärenthoren.

IV D liegt nur 40 Schritt von **IV** A—C entfernt, aber auf Bären=
thorener Gebiet, im Jagen 15. Der jetzt 72jährige Kiefernbestand
ist 0,4 geschlossen und 23 m hoch. Er ist hervorgegangen aus Saat
auf altem Waldboden. Vor etwa 40 Jahren sollte er als gänz=
lich hoffnungslos aufgegeben und abgetrieben werden; Herr von
Kalitsch tat das nicht, sondern machte ihn durch seine Behand=
lungsweise zu dem heute recht erfreulichen Bestand, der sich gut
natürlich zu verjüngen beginnt. Näheres f. bei Möller (31 S. 21,
31—34). Unter 2—4 cm Kiefernnadeln, die von Hypnum durch=
wachsen sind, liegt eine 2 cm dicke Schicht von graubraunem humosen
Sand. Es folgt 25 cm gelbbrauner Sand, der allmählich heller wird.

Die CO_2=Menge ist auffallend gering; am 10. 8. betrug sie 93 % des
Standardwerts. Dabei ist der Bodenzustand scheinbar ein recht guter.

IV E. An der Südgrenze des Jagens 16, in einer der von Möller angelegten und beschriebenen Versuchsflächen (31 S. 28/29, 31). Der 66jährige Kiefernbestand ist 0,5 geschlossen und 23 m hoch; er ist begründet durch Streifensaat auf ehemaligem Ackerland. Die Bodendecke besteht aus 3 cm sich scheinbar gut zersetzenden Kiefernnadeln. Darunter liegt braungelber Sand, der bei 40 cm Tiefe allmählich heller wird.

Die Kohlensäureproduktion liegt mit 114% wieder unter der zum Vergleich herangezogenen Stelle IV F. Die Bodendecke wird auf dieser Fläche stets als besonders günstig in der Zersetzung bezeichnet.

IV F liegt dem Bärenthorener Jagen 16 gegenüber im Jagen 37 der Zerbster Stadtforst, Försterei Krakau (31 S. 28 und 31). Die Versuchsstellen IV E und IV F liegen nur etwa 50 Schritt voneinander entfernt. Die jetzt 69jährigen Kiefern sind durch Streifensaat begründet auf altem Waldboden; sie sind 18 m hoch und 0,6 geschlossen. Reisig und Nadelstreu sind seit einigen Jahren nicht mehr entfernt worden. Der Boden ist bedeckt mit einer 2—3 cm dicken Schicht von Kiefernnadeln; dazwischen steht etwas Polytrichum und Renntierflechte. Darunter liegt 3—5 cm hellgelber Sand, der etwas verfestigt ist; es folgt gelber Sand, der allmählich wieder etwas heller wird. Auf dieser Fläche, deren Bodenüberzug immer als schlecht angesehen wurde, ist die CO_2-Entwicklung mit 120% am 9. 8. relativ und absolut höher als auf der vorher beschriebenen Stelle IV E.

IV G ist in der Nordwestecke des Jagens 14 gelegen. 101jährige Kiefern, die aus Saat hervorgegangen sind, 0,5 geschlossen und 23 m hoch sind, bilden den Oberbestand. Darunter stehen etwa 15jährige Birken, die 1912 als kleine Loden im 2 m-Quadratverband gepflanzt sind und jetzt durchschnittlich 7 m hoch sind, und einzelne 35jährige 4 m hohe Fichten aus Saat, ferner durchschnittlich 1 m hohe Anflugkiefern. Am Boden findet sich bis zu 30 cm hoher Schafschwingel. Die Bodendecke besteht aus einer 1 cm dicken Schicht von Polytrichum, Hypnum und unzersetzten Kiefernnadeln und aus 3 cm gut zersetzten Nadeln, die von Graswurzeln durchzogen sind. Unter 3 cm lockerem humosen graubraunen Sand folgt graugelber Sand. Die CO_2-Menge beträgt 112% am 8. 8. Auffallend ist, daß trotz steigender Luft- und Bodentemperatur die CO_2-Kurve fällt, da die Kleinlebewesen wohl Wassermangel gehabt haben.

IV H im Jagen 3, Abt. b. Unter jetzt 103jährigen 24 m hohen Kiefern mit starker Krone, 0,6 geschlossen, die auf altem Waldboden durch Saat hervorgegangen sind, stehen 6—10 m hohe, im Durchschnitt 8 m, 3—7 cm dicke, im Durchschnitt 5 cm, im Wuchs stockende, dicht geschlossene Buchen, die im Jahre 1886 als einjährige Sämlinge in einem Verband von 1,3 mal 1 m gepflanzt wurden. Der Boden ist bedeckt mit einer 2 cm hohen Schicht unzersetzter Kiefernnadeln und Buchenblätter, zwischen denen etwas Polytrichum steht, und einer 8 cm starken schwarzbraunen Schicht von verfilztem Rohhumus von Buchenblättern und Kiefernnadeln. Der Boden selbst besteht aus 30 cm schwarzgrauem humosen Sand; darunter liegt brauner Sand, der bei 15 cm allmählich in gelben Sand übergeht.

Die Messung der Bodentemperatur zeigt regelmäßig $1\frac{1}{2}^{0}$ weniger als die gleichzeitigen Messungen an anderen Stellen des Reviers. Der dichte Schluß des Buchenblätterdaches läßt nicht genügend erwärmende Sonnenstrahlen auf den Boden gelangen. Dadurch erklärt es sich, daß die an sich schon große Menge der abfallenden Blattstreu nicht genügend zersetzt werden kann und zu Rohhumus verfilzt. Es steht damit nicht im Widerspruch, daß die absolute Menge produzierter Kohlensäure, etwa 160%, wesentlich höher ist als an anderen Stellen, z. B. den Standardstellen, an denen sehr viel weniger zersetzbare organische Substanz vorhanden ist.

IV J am Südwestrande des Jagens 53, Abt. a. Der Bestand ist ein Stangenholz von 58jährigen Kiefern, die 10 m hoch sind und durch Saat begründet wurden; er ist 0,8 geschlossen. Der Bodeneinschlag zeigt 1 cm Hypnum und Renntierflechte, 2 cm schwach verfilzte Kiefernnadeln, 2 cm Kiefernhumus mit Sand gemengt, 3 cm graubraunen humosen Sand; darunter folgt gelber Sand. Obgleich die Bodendecke keinen günstigen Eindruck macht, stellt sich die CO_2-Produktion doch auf im Durchschnitt 120%.

IV K am Nordwestrande des Jagens 61. Wenige Schritte entfernt im gleichen Bestand ist die schlechteste Stelle des Reviers gelegen, eine jetzt etwa 1 a große Fläche mit sehr geringen, etwa 6 m hohen Kiefern. Auch die Entnahmestelle IV K wurde 1913 als 5. Bodenklasse angesprochen, hat sich jetzt jedoch zu einer schwachen 4. verbessert. Der Bestand ist nämlich schon 65jährig; er stammt aus Ackeraufforstung. Die Kiefern sind sehr ästig, 12 m hoch, ziemlich dünn und 0,7 geschlossen. Die Bodendecke besteht aus einer 1 cm dicken Schicht von Kiefernnadeln und Renntierflechte. Darauf folgen 2 cm humoser Sand (Mull), 3 cm grauer, ausgebleichter Sand, 20 cm braungelber Sand, darunter gelber Sand.

Diese Versuchsstelle, die die schlechteste Bodendecke von den untersuchten Flächen zu haben scheint, steht mit im Durchschnitt 105% immer noch über den Standardwerten. Zu berücksichtigen ist hierbei ferner, daß die Menge der Nadelstreu und des Reisigs, die verwesen kann, mit Abstand die geringste sein dürfte.

IV L liegt am Ostrand des Jagens 16, Abt. b. Es stand hier ursprünglich ein Mischbestand von Kiefer mit einzelnen Buchen. Die Kiefern wurden abgetrieben, einzelne Buchen übergehalten. Vor 46 Jahren wurde darunter eine Eichenpflanzung ausgeführt mit Kiefern als Treibholz dazwischen. Die Eichen wurden von den Kiefern aber überwachsen und dann größtenteils herausgehauen, so daß jetzt ein Kiefernstangenholz übriggeblieben ist mit einzelnen eingesprengten Buchen und Eichen. Die gutwüchsigen Kiefern sind 19 m hoch und 0,8 geschlossen. Der Bodeneinschlag zeigt 2 cm sich gut zersetzende Kiefernnadeln (an dieser Stelle keine Eichen- oder Buchenblätter), 4 cm schwach verfilzte Kiefernnadeln, 2 cm gelbgrauen humosen Sand, darunter gelben Sand. Bei der Anhäufung nicht völlig zersetzter Streu beträgt die CO_2-Entwicklung durchschnittlich 116%.

IV M am Südrand des Jagens 27. Das 40jährige Kiefernstangenholz ist 15 m hoch und 0,8 geschlossen; es ist erste Bonität nach Schwappach. Hervorgegangen ist es durch Streifensaat auf altem Ackerland. Der Bodenüberzug ist sehr weich und federnd; er besteht aus 3—4 cm Hypnum und 6—8 cm lockeren Kiefernnadeln, die sich gut zersetzen. Der Boden ist ein grauer Sand, der bei 25 cm Tiefe (der alten Pflugsohle?) stark abgesetzt in gelben Sand übergeht. An dieser Stelle wurde der Bodenzustand als recht guter angesehen; trotzdem beträgt die CO_2-Produktion im Durchschnitt nur 93%. Beachtlich ist das Steigen der Kurve nach dem Regen, obgleich die Temperaturkurve sinkt.

IV N am Ostrand der Abteilung a des Jagens 15. Unter 100jährigen, 23 m hohen, 0,4 geschlossenen Kiefern mit starken Stämmen und starker Krone, die aus Saat auf altem Waldboden hervorgegangen sind, steht gruppenweise verteilt 0,5—2,5 m, im Durchschnitt 1,5 m hoher frohwüchsiger Kiefernjungwuchs, der sich zu schließen beginnt. Die Entnahmestelle liegt unmittelbar am Ostrand einer solchen Gruppe. Der Boden ist bedeckt mit bis zu 40 cm hohem Schafschwingel. Der Bodeneinschlag zeigt 2 cm Hypnum und Kiefernnadeln, 4 cm sehr gut zersetzte Nadeln mit Graswurzeln durchwachsen, 3 cm schwarzgrauen humosen Sand, 25 cm graugelben Sand, darunter gelben Sand. Die CO_2-Menge beträgt im Durchschnitt 140%. Der Regen übt an dieser Stelle keinen Einfluß aus; CO_2-Kurve und Temperaturkurven verlaufen parallel.

IV O im Jagen 40, Abt. a. 42jährige, 12 m hohe Kiefern, 0,7 geschlossen, bilden den Bestand, der durch Saat entstanden ist. Der Boden ist mit einer 5 cm starken Schicht von Kiefernnadeln, Reisig und Hypnum, mit etwas Sand gemischt, bedeckt. Darunter liegen 3 cm hellgraubrauner Sand, 15 cm dunkelbrauner Sand, durch eine dünne Kiesschicht von einem graugelb bis gelben Sand getrennt. Hier ist die CO_2-Entwicklung am geringsten von allen Bärenthorener Versuchsstellen, nur im Durchschnitt 79%. Ein Einfluß des Regens ist nicht festzustellen.

IV P liegt wenige Schritte von IV O entfernt in der benachbarten Abt. b des Jagens 40. Unter 96jährigen, 20 m hohen breitkronigen, 0,3 geschlossenen Kiefern hat sich, über die ganze Fläche verteilt, 10—22jähriger, frohwüchsiger, 2—5 m, im Durchschnitt 3 m hoher Kiefernanflug angefunden, der locker geschlossen ist (vgl. auch Möller, 31 S. 23 und 27). Am Boden befindet sich bis zu 30 cm hohe, jetzt durch das Moos zum Absterben gebrachte Heide, 3—5 cm Hypnum und Polytrichum und eine 2 cm starke schwarzbraune Schicht von Kiefernhumus, Heidewurzeln und Sand. Der Boden selbst besteht aus graubraunem Sand, der bei 20 cm Tiefe in gelben Sand übergeht. Die CO_2-Produktion erscheint mit 145% im Durchschnitt als recht günstig. Die verrottende Heide wird ihre wichtigste Quelle sein.

Zusammenfassung. Beim Vergleich der Versuchsflächen untereinander ergibt sich folgende Reihe:

160% **IV H.**   Stockende, dichte, 40jährige Buchen unter Altholz, 8 cm Buchentrockentorf.

145% **IV N.**   Kiefernjungwuchs unter Altholz, hoher Schafschwingel.

145% **IV P.**   Kiefernjungwuchs unter Altholz, absterbende Heide und viel Moos.

129% **IV J.**   58jähriges geringes Kiefernstangenholz, schwacher Bodenüberzug mit Renntierflechte und Hypnum.

120 % IV F.　Vergleichsfläche in der Zerbster Stadtforst, bis vor wenigen Jahren Streunutzung.

116 % IV L.　Gutwüchsiges, geschlossenes 40jähriges Kiefern=stangenholz, geringe Rohhumusbildung.

114 % IV E.　Vergleichsfläche. 66jährige Kiefern, licht gestellt, Kiefernnadeln in günstiger Zersetzung.

112 % IV G.　Unter lichtem Altholz 15jährige Birken und etwas Kiefernanflug; Schafschwingel.

105 % IV K.　Sehr geringes 65jähriges Kiefernstangenholz, Renn=tierflechte; schlechteste Stelle des Reviers.

100 % IV A—C.　70jährige lichte Kiefern. Zerbster Stadtforst, bis vor wenigen Jahren Streunutzung. Standardstelle.

93 % IV D.　Vergleichsfläche. 72jährige, licht gestellte Kiefern, gute Zersetzung, Nadeln und Hypnum; Anflug.

93 % IV M.　Sehr gutes 40jähriges Kiefernstangenholz, gut zer=setzte Nadeln und viel Hypnum.

79 % IV O.　42jähriges Kiefernstangenholz, Nadeln, Reisig und Hypnum mit Sand gemischt.

Die Bestimmungen in Bärenthoren haben zunächst nicht voll befriedigt. In der Güte eines Bestandes und seiner Bodendecke und in der Menge der abgegebenen Kohlensäure scheint keine Über=einstimmung zu bestehen. Wenigstens trifft das zu der Zeit, in der meine Bestimmungen vorgenommen wurden, nicht zu. Es ist hier noch eine Klärung dringend erwünscht durch weitere Untersuchungen, die zu anderen Jahreszeiten angestellt werden müßten (s. auch II S. 112). Diese werden zeigen, daß in den gepflegten Beständen mit guter Bodendecke die abgegebene CO_2=Menge nicht nur eine große ist, sondern daß die Bodenatmung während eines ziemlich kurzen Zeitraums die höchsten Werte erreicht, und zwar im Früh=jahr, zu einer Zeit, in der die Bäume den größten CO_2=Bedarf haben. Bis dahin dürfen meine Untersuchungen aber nicht etwa als ein Beweis gegen die Theorien angesehen werden, die der Kohlen=stoffernährung des Waldes ausschlaggebende Bedeutung beimessen.

13. Die Hohenlübbichower Bestimmungen.

Der Teil des Reviers des Herrn Landrat Dr. h. c. von Keudell in Hohenlübbichow, in dem die Bestimmungen Nr. 273 bis 314 ausgeführt wurden, liegt auf Talsandböden, die nach den jetzigen den Beständen der 3. Kiefernbonität zuzurechnen sind. Der Schluß der Altbestände ist mangelhaft; es hat sich daher ein reicher Graswuchs eingestellt, der durch jahrzehntelange intensive Schafweide besonders verstärkt wurde.

Das eigenartigste Gepräge verleiht der Hohenlübbichower Wirtschaft die durch den starken Graswuchs bedingte Art der Bodenbearbeitung. Bearbeitung auf ganzer Fläche wird einer solchen auf Streifen vorgezogen; verbesserte Ackergeräte dienen zur Überwindung der verhältnismäßig großen Schwierigkeiten. Nach verschiedenen Versuchen wird neuerdings auf der Kahlfläche und auch unter Schirm von Altholz folgendes Verfahren als das beste angesehen und zur Zeit angewandt: Der vergraste Boden wird mit der Scheiben= oder Flügel= oder Spatenegge über Kreuz zerkleinert, dann mit dem Schwingpflug wie Ackerland tief umgepflügt und die Schollen nochmals mit der Scheibenegge zerkleinert. Ohne ein vorheriges Behandeln mit der Scheibenegge würde der Pflug den Rasenteppich nicht zerschneiden können; außerdem wird so das schädliche glatte Umklappen der Schollen vermieden, sondern eine ziemlich gleichmäßige Mischung von Grasteilen und Mineralboden erzielt. Nach dem Pflanzen oder Säen ist es noch 2 oder 3 Jahre hindurch erforderlich, zwischen den Reihen zur Zerstörung des sich wieder einstellenden Graswuchses je nach Bedarf 1—3mal zu igeln. In unmittelbarer Nähe der Pflanzen wird mit einer gewöhnlichen Hacke von Menschenhand das Gras vernichtet. Bei diesem Verfahren entstehen sehr kräftige Kulturen, die Frost=, Dürre= und Mäusegefahr wird sehr weitgehend vermindert, so daß es keine Schwierigkeit macht, Buchen und Eichen auch ohne Schirm hochzubringen.

Ganz neu sind die Versuche, durch Fräsmaschinen die Bodenbearbeitung vor der Kultur vorzunehmen und auch nachher die Streifen durch schmale Fräsen vom Gras frei zu halten. Diese Fräsen werden von den Siemens=Schuckert=Werken gebaut und auf dem eigens zu diesem Zweck erworbenen Gut Gieshof erprobt und vervollkommnet. Bei ihnen werden Pferde und Menschen durch Explosionsmotore ersetzt, und es wird eine noch bessere Mischung von Grasteilen und Mineralboden erreicht; das Verfahren verspricht daher die günstigsten Erfolge.

Meine Arbeitsweise hat in Hohenlübbichow eine kleine Veränderung erfahren insofern, als bei einer Versuchsreihe nicht wie vorher

mehrere Bestimmungen an derselben schon durch den Blechzylinder
begrenzten Stelle entnommen wurden, ohne daß der Zylinder aus
dem Boden genommen wurde. Es wurde vielmehr, außer bei den
Standardreihen, für die zweite bzw. dritte Bestimmung derselben
Reihe an einer dicht dabeigelegenen Stelle erneut der Zylinder in
den Boden gedrückt. Es geschah dies jedoch stets, wenn irgend
möglich, mindestens 24 Stunden vor dem Ansetzen des Versuchs.
Da das zur Verfügung stehende Brunnenwasser sehr hart war und
ziemlich alkalisch reagierte, konnte es auch nach dem Auskochen zum

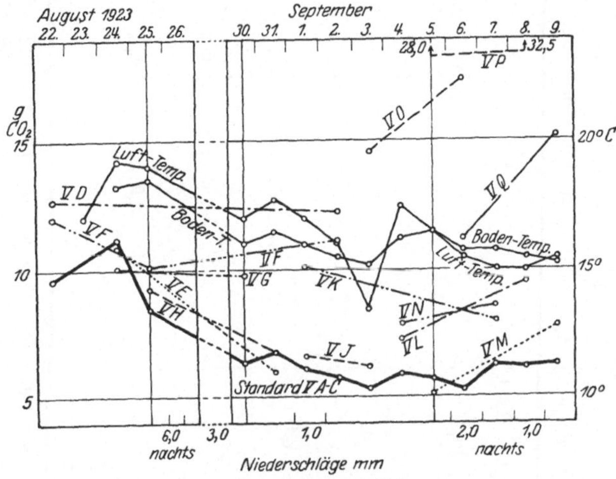

Abb. 7. Hohenlübbichow.

Auswaschen des Bariumkarbonats nicht verwendet werden. Ich
benutzte daher destilliertes Wasser.

Die Ergebnisse meiner Bestimmungen, die in die Zeit von Ende
August bis Anfang September 1923 fallen, sind auf der Tab. 10
und kurvenmäßig auf Abb. 7 zusammengestellt.

V A—C. Die Standardreihen für die Hohenlübbichower Bestim=
mungen liegen im Jagen 45g in einem 74jährigen Kiefernbestand,
der auf ehemaligem Ackerland durch Zapfensaat entstanden ist. Der
Bestand ist 18 m hoch, 0,6 geschlossen; die Kronen sind ziemlich
schwach. Der Bestand ist als Standardstelle ausgewählt, weil in
ihm noch verhältnismäßig lange, bis vor 2 Jahren, die Schaf=
weide ausgeübt wurde, wie es früher im ganzen Revier getrieben

Tabelle 10. Hohenlübbichow.

Aug. 1923	Luft- Boden-Temperatur	Bewölkung	A	B	C	D	E	F	Q	H	J	K	L	M	N	O	P	Q	Nieder-schläge mm
22.		0 0 0	19,2			12,7		12,0											
23.	17°	0 0 0																	
24.	19¼° 18¼°	½ 0 ½	22,3				10,9		10,1										6,0 nachts Regen
25.	19° 18½°	R. ¹/₁ ½			16,9			10,1		9,3									
26.		0																	
30.	17° 16°	R. ¼ 0	12,7						9,8										}3,0
31.	17¾° 16½°	0 ¾ ¹/₁		13,6						6,8									
1.	17° 16°	¹/₁ R. ¹/₁ R. ¹/₁	12,2				6,0				6,6	10,1							1,0
2.	16° 15½°	¾ ¾ 0	11,7			12,3		11,1											
3.	13½° 15¼°	0 ½ 0			10,6						6,2								
4.	17½° 16¼°	0 0 0	11,9										7,3		7,9			
5.	16½° 16½°	¹/₁ ½ 0		11,3										5,1			28,0	
6.	15½° 15¾°	¹/₁ R. ¾ ½			10,5											17,5		11,2	2,0
7.	15° 15¾°	¹/₁ D. ½ ½	12,6									8,0			8,6			nachts Regen
8.	15° 15½°	½ ¾ ¼		12,4									9,5				32,5	1,0
9.	15½° 15¼°	0 0 0			12,5									7,8				15,2
10.		0																	
Sept.			½ = 100%			226	88	190	154	100	108	166	122	90	132	(276)	496	214	%
									116			128	158	124	136	(334)	524.	244	
									112			147	140	107	134	(305)	510	229	

g CO₂ je 1 qm in 24 Std. Reihen V

wurde. Es hat sich dadurch ein sehr dichter Grasteppich gebildet, einzelne Stengel sind bis zu 1,2 m hoch. Die Hauptmenge des Grases lagert, ist mit Hypnum und verschiedenen kleineren Kräutern durchwachsen und bildet eine etwa 5 cm hohe Schicht. Der Bodeneinschlag zeigt 5—7 cm schwarzbraunen humosen Sand, von Graswurzeln dicht durchzogen und durch die Schafe fest getreten, 25 cm graubraunen lehmigen Sand, darunter graugelben Sand.

Wie auch an einer anderen mit einer festen Grasnarbe bedeckten Stelle ist die CO_2-Menge abnorm groß. Es scheint so, als ob in dem dichten Wurzelfilz des Grases infolge der geringen Durchlüftung die Bodenluft sehr an CO_2 angereichert ist, daß also eine größere Menge CO_2 absorptiv aufgespeichert wird. Infolge der saugenden Wirkung der Kalilauge wird diese CO_2-Menge, außer derjenigen, die sich während der Dauer des Versuchs bildet, in der Kalilauge aufgefangen, und alle gefundenen Werte sind zu hoch. Diese Annahme scheint mir die auffallende Erscheinung am besten zu erklären.

Ein gleichartiger, gleichaltriger Bestand ist der unter V G—J beschriebene. Bei V H ist auf dem Pflugstreifen der Grasfilz entfernt; es fällt also an dieser Stelle der vorstehend angegebene, die Resultate verschiebende Einfluß der Grasdecke weg. Die zur Zersetzung verfügbare Menge organischer Substanz dürfte an beiden Stellen dieselbe sein. Es müßten darum die tatsächlich entwickelten CO_2-Mengen auch dieselben sein. Bei V H findet sich nur die Hälfte der bei den Standardreihen gefundenen Mengen CO_2; diese werden wahrscheinlich also etwa das Doppelte des Tatsächlichen anzeigen. Man wird daher zum Vergleich der einzelnen Versuche untereinander nur die halben Standardwerte einzusetzen haben; diese halben Werte sind gleich 100 gesetzt.

Die ersten drei Werte sind so hoch, daß sie zum Vergleich mit denen anderer Reihen nicht herangezogen wurden. Später folgt die Kurve der CO_2-Menge ziemlich genau den Temperaturkurven. Nach längerer Zeit trockenen Wetters steigt nach dem Regen am 6. 9. die CO_2-Abgabe, während die Temperaturkurve unverändert bleibt.

V D im Jagen 16b in einer Kiefernschonung, die zu den ältesten gehört, welche nach der von Keudellschen Methode mit bestem Erfolg begründet und gepflegt wurden. Der Bestand wurde 1913 durch Reihenpflanzung einjähriger Kiefern begründet; die Bodenvorbereitung bestand in flachem Schälen, Zerkleinern, tiefem Pflügen und

nochmaligem Zerkleinern. Zwischen den Reihen wurde in den nach=
folgenden Jahren mit dem Igel gearbeitet und gehackt; die Reihen
selbst stehen dadurch etwas erhöht, ähnlich angehäufelten Kartoffel=
reihen. Die sehr frohwüchsigen Kiefern sind im Durchschnitt 5 m
hoch; der Bestand ist im letzten und in diesem Jahre durchforstet
und ergab in beiden Jahren neben aufgemessenem Brennreisig schon
Grubenholz, so daß der Wert des Holzes ein Vielfaches der Läute=
rungskosten betrug. Der Boden ist mit $^1/_2$—2 cm Nadeln und etwas
Reisig aus den Durchforstungen bedeckt. An den Reihen selbst bilden
beide zusammen eine 5—10 cm hohe, lockere Schicht. Der Boden
besteht aus lockerem hellbraunen Sand. Die CO_2=Menge liegt mit
226% am 2. 9. sehr beachtlich hoch. Dadurch erklärt sich leicht das
erstaunlich gute Wachstum der Kultur, die schon nach 9 Jahren
Gelderträge liefert.

V E im Jagen 48c bildet ein Gegenstück zu V D. Die Schonung
wurde im Frühjahr 1907 auf ehemaligem Ackerland, das mehrere
Jahre unbenutzt gelegen hatte, begründet durch Pflanzung in einem
Verband von 1,3 zu 0,3 m von einjährigen „Ausländer“=Kiefern,
d. h. nicht neumärkischer Herkunft. Es waren mit dem Waldpflug
Streifen gepflügt worden; dadurch stehen die Kiefernreihen etwa
15 cm tiefer als die dazwischenliegenden Balken. Die Kultur ist
nur einmal gehackt worden. Die vielfach schlecht geformten Kiefern
stehen zum Teil lückig; sie sind 4,5—5 m hoch. Auf dem Boden
wächst etwa 5 cm hoch Gras mit etwas Hypnum. Ferner findet
sich eine 1 cm hohe Schicht von Kiefernnadeln, in den Pflugfurchen
etwas mehr. Die oberste Bodenschicht, 5 cm, wird von hellgrau=
braunem ausgebleichten Sand gebildet; darunter ist der Sand etwas
dunkler. Die CO_2=Abgabe beträgt nur 88%. Das ist nur etwa $^2/_5$
der bei V D erzeugten Menge. Es beweist den nachhaltigen Wert
der gleichmäßigen Bodenbearbeitung, daß diese ältere Kultur viel
geringer ist als die vorher beschriebene.

V F im Jagen 14c, in einer 1919 durch Pflanzung 1jähriger
Kiefern und truppweise eingesprengter Buchenheister begründeten
Schonung. Der Boden (Kahlschlagfläche) wurde wie bei V D be=
schrieben bearbeitet, im Jahre 1922 wurde zuletzt geigelt. Die froh=
wüchsigen Kiefern sind 1,2—2 m hoch, im Durchschnitt 1,5 m.
Zwischen den Reihen findet sich schwache Begrünung von Gras
und Sauerampfer. Der Bodeneinschlag zeigt 20 cm lockeren schwarz=
grauen Sand, oben ziemlich hell, nach unten dunkler. Darunter

liegt gelbbrauner Sand. Die CO_2-Menge beträgt 190%, d. i. mehr als das Doppelte der Kultur V E, obgleich in dieser der jährliche Nadelabfall natürlich viel mehr zersetzbare organische Substanz liefert. Auch ein Beweis für den Wert der Bodenbearbeitung.

V G, H und J im Jagen 2h. Diese Abteilung ist ein Versuchs= feld unter einem 75jährigen, 18—20 m hohen, 0,6 geschlossenen Kiefernbestand auf ehemaligem Ackerland, zur Erprobung ver= schiedener Bearbeitungsweisen, die jede einen etwa 10 m breiten, langen Streifen einnehmen. Im Frühjahr 1922 wurden auf allen Probeflächen Kiefern in Streifen gesät und Buchen= und Eichen= wildlinge in weitem Abstand dazwischengepflanzt.

Von diesem Probestreifen ist bei V G die ganze Fläche im Winter 1921/22 gepflügt und mit Scheibenegge und Saategge zerkleinert. 1922 und 1923 wurde je zweimal geigelt, zuletzt am 1. 8. und am 25. 8., also nach der ersten Bestimmung, wurden die Pflanzen be= hackt. Die Buchen und Eichen sehen sehr frisch aus und sind bis 30 cm hoch. In den Kiefernreihen kommen Fehlstellen vor. Zwischen den Reihen liegen verrottende Grasreste obenauf. Der Boden be= steht bis 6 cm Tiefe aus durch das Igeln und Hacken gelockertem hellgrauen Sand, der mit alten Graswurzeln gemengt ist. Es folgt 5—7 cm ungelockerter dunkelgraubrauner Sand und darunter gelbbrauner Sand.

Bei V H wurden mit dem verbesserten Waldpflug, der die Schollen nach beiden Seiten wirft, Furchen gezogen, die weiter nicht gelockert wurden. Die Furchen sind durchschnittlich 10 cm tiefer als die dazwischengelegenen Balken. 1922 und 1923 wurde je einmal um die Pflanzen herum gehackt. Von den Buchen und Eichen sind etwa 50% eingegangen. Die Kiefern haben auch hier Fehlstellen. Auf den Balken steht locker bis 60 cm hohes Gras; in den Furchen liegen spärlich Kiefernnadeln. Die Bestimmungen wurden in den Furchen vorgenommen. Der Bodeneinschlag zeigt 5 cm festen hellgrauen Sand und darunter hellgelben Sand.

Bei V J wurden mit dem Waldpflug Furchen gezogen, diese mit dem Häufelpflug sehr tief gelockert und die Schollen mit der Saat= egge zerkleinert. Die Furchen liegen etwa 5 cm tiefer als die Balken. Die Buchen und Eichen sehen frisch aus und stehen fast vollzählig; die Kiefern sind auch regelmäßiger gelaufen. Auf den Balken steht bis 60 cm hohes Gras; in den Furchen, in denen auch die Bestimmungen vorgenommen wurden, findet sich geringe Be=

grünung und etwas Kiefernnadeln. Unter 3—5 cm lockerem hell=
grauen Sand liegt hellgelber Sand.

Die CO_2=Werte betragen bei V G 154%, bei V H 100%, bei
V J 108 bzw. 116, im Durchschnitt 112%. Die Richtigkeit der
Bearbeitung auf der vollen Fläche (V G) kommt darin zum Aus=
druck, daß durch sie die CO_2=Menge um die Hälfte erhöht wird. Die
Pflanzen zeigen darum auf dieser Stelle bei weitem das gesündeste
und frischeste Aussehen. Ein einmaliges Auflockern und Zerreißen
(V J) hat nur geringeren Erfolg, wenigstens ist er nach $1^1/_2$ Jahren
nicht mehr allzugroß.

V K im Jagen 3b. Den Bestand bilden 26jährige „Ausländer"=
Kiefern, welche ohne weitere Bodenbearbeitung in Waldpflug=
furchen gepflanzt wurden. Der Bestand ist zweimal durchforstet,
10—12 m hoch und lückig; die Stämme sind ziemlich ästig. Die
Bodendecke besteht aus 3—5 cm lockerem Gras, Hypnum und sich
zersetzenden Nadeln oder aus 2 cm Nadeln und Streuresten. Der
Boden besteht aus 6 cm graubraunem Sand, 2 cm braunen ver=
torften Humusresten, 5 cm graubraunem Sand, 3—4 cm dunkel=
braunem Sand, darunter graugelbem Sand.

Die CO_2=Mengen betragen 166% bzw. 128%. Im Hypnum
(erster Wert), in dem kaum noch Reisigteile enthalten sind, ist die
Zersetzung erheblich größer als an der zweiten Stelle, wo Hypnum
fehlt, dafür aber mehr Zweigteile sich finden. Die Erklärung dürfte
darin liegen, daß das Moos das schnelle Absickern des Regens und
das schnelle Austrocknen des Bodens verhindert und dadurch den
Bakterien bessere Lebensbedingungen schafft.

V L und M im Jagen 3c. Es wurden hoffnungslose 23jährige
Ausländerkiefern im Jahre 1922 kahl abgetrieben. Im Winter bis
Frühjahr 1923 wurde die ganze Fläche gepflügt und mit Scheiben=
eggen zerkleinert. Anschließend wurde in dem noch sehr lockeren
Boden, zum Teil Flugsand, Kiefern gesät und Buchenwildlinge
gepflanzt. Zwischen den Reihen wurde zweimal geigelt, zuletzt
Ende Juli. Die Kiefernsaat steht ganz gut; die Buchen sind auch
ziemlich vollzählig vorhanden. Zwischen den Reihen liegt spärlich
verrottendes Gras. Der Bodeneinschlag zeigt 3—5 cm sehr losen
hellgelben Sand, 15 cm dunkelgraubraunen Sand und darunter
gelbbraunen Sand.

Bei V M wurde am 4. 9. in dieser Kultur mit dem Igel einmal
gelockert, am folgenden Tage wurde der erste Versuch aufgestellt.

Die Lockerung war bis 10 cm Tiefe gekommen; im übrigen war die Schichtung des Bodens dieselbe wie bei V L.

Die CO_2-Werte sind für V L 122 und 158%, bei V M 90 und 124%. Durch die Bearbeitung ist also die CO_2-Abgabe ziemlich erheblich zurückgegangen. Bei V L steigt nach dem Regen am 6. 9. der Wert um 20%, bei V M jedoch um rund 40%. Es ist also anzunehmen, daß durch die Bearbeitung bei dem sehr lockeren unbewachsenen Boden die Kleinlebewesen erheblich gestört werden. Sie bedürfen einige Zeit, um wieder die normalen CO_2-Mengen zu liefern, jedenfalls länger als 5 Tage, obgleich auch in dieser Zeit eine Zunahme festzustellen ist. Daß die CO_2-Menge später einen Stand über dem normalen erreicht, ist möglich und wahrscheinlich. Im ganzen muß man aber sagen, daß vom Standpunkt der Kohlenstoffernährung aus eine Bodenbearbeitung bei unbewachsenem, sehr lockeren Boden, in dem auch kaum mehr Humusstoffe enthalten sind, nicht zu vertreten ist. Man muß jedoch berücksichtigen, daß durch das Zerstören der Kapillaren der Wasserhaushalt gefördert wird, indem das schnelle Absickern des Regenwassers verlangsamt wird, der Boden also längere Zeit feucht bleibt.

V N im Jagen 19e. Auf einer Kahlschlagfläche (Frühjahr 1919) wurde 1919, wie bei V D angegeben, der Boden bearbeitet, im folgenden Jahre wurde wegen des starken Seggewuchses die Behandlung wiederholt, und im Frühjahr 1921 wurden Kiefern und Traubeneichen in Reihen gesät. Zur Vertreibung des Grases wurde 1922 zweimal geigelt und einmal gehackt, 1922 zweimal geigelt und zweimal gehackt und 1923 dreimal geigelt und einmal gehackt. Zuletzt wurde geigelt Mitte Juni und gehackt Anfang August. Die sehr dicht gelaufenen Kiefern wurden durch Verzupfen auf einen Abstand von 50 cm gebracht. Sie sind jetzt wie die Eichen 30—50 cm hoch und kräftig entwickelt. Zwischen den Reihen liegen unregelmäßig Haufen von verrottenden Unkrautwurzeln. Der Bodeneinschlag zeigt 12—15 cm losen hellgrauen Sand, 5—7 cm schwarzgrauen und darunter gelbbraunen Sand. Die CO_2-Menge beträgt hier 134%, also fast genau so viel wie die gleichartige Fläche V L.

V O im Jagen 19d, neben V N gelegen. Die Kahlschlagfläche ist noch mit der sehr dicht stehenden, im Durchschnitt 50 cm hohen Segge bedeckt. Dem Boden lagert eine 2 cm starke Schicht von abgestorbenen Blattresten und sich zersetzenden Ästen des alten Bestandes auf. Bis zu 25 cm Tiefe ist der graue Sand durch die

Wurzeln der Segge zu einer festen Masse verflochten. 5 cm grauer Sand und, allmählich übergehend, gelbbrauner Sand liegt darunter.

Die gefundene CO_2-Menge ist sehr hoch, durchschnittlich 305%. Es gilt hier in noch verstärktem Maße das bei V A—C Gesagte. Der sehr dichte, feste Wurzelfilz hält viel CO_2 zurück, so daß die gefundenen Zahlen wahrscheinlich sehr viel zu hoch sind. Sie kommen also für einen Vergleich mit anderen nicht in Frage.

V P liegt wenige Schritte von V O entfernt. Am 30. 8., also 6 Tage vor der ersten Bestimmung, wurde mit der von den Siemens-Schuckert-Werken gebauten Motorfräse (G-Fräse) die Seggefläche zweimal über Kreuz, und zwar bis zu einer Tiefe von 20 cm durchgearbeitet. Dadurch ist eine jetzt 25 cm hohe lockere Schicht entstanden, in der grauer Sand gleichmäßig mit grünen Blatteilen, zerrissenen Seggewurzeln und alten Kiefernwurzeln und -ästen gemengt ist. Teile der Seggewurzeln und der Äste liegen auch obenauf. Unter der gelockerten Fläche folgt 5 cm stark grauer Sand und darunter gelbbrauner Sand.

Die Kohlensäuremenge erreicht die sehr hohen Werte von 28,0 und 32,5 g, das sind 496 bzw. 524%. Es sind die größten Mengen, die ich gefunden habe; sie werden nur um ein Geringes übertroffen durch die auf einem starken Trockentorfbalken in Neubruchhausen (III E) bei sehr viel höherer Luft- und Bodentemperatur gefundenen. Durch das Zerreißen und die sehr intensive Mischung mit dem Mineralboden werden die im Wurzelfilz und den oberirdischen Teilen der Segge vorhandenen großen Mengen organischer Substanz zu sehr lebhafter Zersetzung gebracht, die nach einigen Tagen noch stärker ist.

V Q im Jagen 12i. Der alte Kiefernbestand wurde 1920 bis 1921 im Winter bis auf einige sehr weitständige Überhälter abgetrieben. Anfang August 1923 wurde die stark vergraste Fläche ganz umgepflügt. Am 4. 9. wurde die Probefläche durch Behandeln mit der Flügelegge, Pflügen und nochmaliges Eggen so weit vorbereitet, wie es für die Saat erforderlich ist. Die erste Bestimmung wurde am zweiten Tage darauf angesetzt. Der Boden besteht aus ca. 16 cm sehr losem hellgraubraunen Sand, mit alten Kiefernwurzeln und Grasresten gemischt, und darunter gelbbraunem Sand.

Die CO_2-Werte betragen 214 und 244%. Sie beweisen eine starke Zersetzung nach der Bodenbearbeitung, erreichen aber nur etwa die Hälfte derjenigen Mengen, die bei V P gefunden wurden.

Das kann weiter nicht verwundern; denn bei VP wurde die un=
berührte starke Grasnarbe in einem Arbeitsgange in einem für die
Aussaat genügenden Maße zerstört, während hier die Bearbeitung
auf zwei 5 Wochen auseinander liegende Zeiten verteilt war. In
der Zwischenzeit hat sich natürlich schon ein großer Teil der organi=
schen Substanz oxydiert. Auch bei dieser Bearbeitungsweise scheint
der Höhepunkt der Zersetzung erst eine gewisse Zeit nach der Boden=
behandlung erreicht zu sein, wofür das Ansteigen der Vergleichs=
prozente von der ersten zur zweiten Bestimmung spricht.

Zusammenfassung. Bei der Zusammenstellung der Hohenlübbi=
chower Ergebnisse ergibt sich diese Stufenleiter:

100 % V A—C. Standardstelle, vergraster 74jähriger Kiefern=
bestand.

510 % V P. Mit starker Segge bewachsene Kahlfläche frisch gefräst.

229 % V Q. Vor 5 Wochen gepflügte Kahlschlagsfläche, frisch geeggt
und gepflügt.

226 % V D. 11jährige Kiefernschonung, sehr wüchsig, auf voll um=
gebrochener Fläche. Anfangs mehrere Jahre geigelt.

190 % V F. 5jährige Kiefernschonung, sehr kräftig, bis 1922 ge=
igelt.

154 % V G. Unter Schirm 1921/22 voll umgebrochen, jährlich
mehrmals geigelt und gehackt.

147 % V K. 26jähriges Kiefernstangenholz, kürzlich durchforstet.

140 % V L. Kahlschlagsfläche mit lockerem Sandboden, mehrmals
geigelt.

134 % V N. 3jährige Kultur, jährlich wiederholt bearbeitet.

112 % V J. Bestand wie V G, Waldpflugfurchen gelockert und
geeggt, nach der Saat einmal gehackt.

107 % V M. Fläche wie V L, frisch geigelt.

100 % V H. Bestand wie V G und J, ungelockerte Waldpflug=
furchen.

88 % V E. 17jährige Ausländerkiefern in Waldpflugfurchen, un=
bearbeitet.

Ferner mit 305 % V O, Seggefläche, die aus den S. 73 angegebenen
Gründen nicht verglichen werden kann.

Aus dieser Aufstellung ergibt sich, daß bis auf einen Fall, V M
auf sehr lockerem Sand (s. dazu S. 77), eine Bodenbearbeitung
nachhaltig die CO_2=Abgabe erhöht. Naturgemäß ist sie am höchsten
an Stellen, die zum erstenmal bearbeitet werden, da hier die meiste

organische Substanz vorliegt. Welche Form der Bodenvorbereitung, die durch Fräsen oder die durch mehrmaliges Eggen und Pflügen, vom Standpunkt der Kohlenstoffernährung, abgesehen von den Kosten der beiden Verfahren, am vorteilhaftesten ist, hängt ab davon, ob sofort Kulturpflanzen, also Waldbäume, mit genügend entwickelten Blättermengen in der unmittelbaren Nähe sind, die so große CO_2-Mengen zu verarbeiten vermögen. Oftmals, namentlich bei Freikulturen, wird das nicht der Fall sein. Es wäre also erforderlich, zu untersuchen, welches Verfahren am nachhaltigsten hohe CO_2-Erträge gibt, die von der jungen Kultur in Assimilaten angelegt werden können. Da das Fräsverfahren erst im Anfang seiner Entwicklung steht, müssen bis dahin noch einige Jahre vergehen.

Es zeigt sich weiter, daß eine Bearbeitung auf voller Fläche der in Streifen überlegen ist. Bei der letzteren muß naturgemäß das erneute Anregen zur CO_2-Abgabe durch Igeln fortfallen. Die streifenweise Bearbeitung bringt außerdem bedeutende waldbauliche Nachteile mit sich: die Frost- und Mäusegefahr wird durch das auf den Balken stehende Gras erhöht; das Gras macht den Kulturpflanzen Konkurrenz in allen wichtigen Nährstoffen; es würde, wenn es durch Bearbeiten vernichtet wäre, der Kultur eine neue Quelle zu neuen CO_2-Mengen sein können. Deshalb hat Herr von Keudell eine Bearbeitung in Streifen auch schon seit längerer Zeit aufgegeben.

Aus beiden Bearbeitungsweisen ließe sich vielleicht eine neue zusammenstellen, die vom Standpunkt der Kohlenstoffernährung größere Erfolge verspricht. Im ersten Jahre werden, am besten mit einer schmalen Fräse, Streifen möglichst intensiv bearbeitet und die Kultur angelegt. Bei sehr starkem Graswuchs ist vielleicht ein einmaliges Hacken am Platze. Im zweiten oder dritten Jahre bei Pflanzung, bei Saat vielleicht noch später, werden im Frühjahr oder Sommer die zuerst unberührt gebliebenen Dämme mit der gleichen Maschine bearbeitet, so daß dann Vollumbruch vorliegt. Dann kann auf der ganzen Fläche geigelt werden. Es würde hierbei die auf den Dämmen befindliche organische Substanz zu einem Zeitpunkt zur Zersetzung gebracht werden, an dem die Blattorgane der Kulturpflanzen mehr ausgebildet sind und eine größere Menge von Kohlensäure verarbeiten können. Ein großer Teil der bei sofortigem Vollumbruch ungenutzt entweichenden Kohlensäure käme also noch den Pflanzen zugute.

Übereinstimmend ergibt sich ferner, daß das Maximum der CO_2-Entwicklung erst einige Zeit nach der Bodenbearbeitung erreicht wird. Mit dieser Tatsache wird der Gärtner mit seinen schneller wachsenden Kulturpflanzen, weniger der Forstmann, zu rechnen haben, wenn er die ihm vom Boden gespendete Kohlensäure bis zur Grenze des Möglichen ausnützen will.

14. Zusammenfassung meiner Versuche.

Nach vorläufigem Abschluß meiner Bestimmungen ist es möglich, allgemein die Faktoren einer Würdigung zu unterziehen, welche auf den Kohlenstoffhaushalt im Walde von Einfluß sind. Selbstverständlich wirkt eine Änderung eines Faktors nicht nur auf die Kohlensäure ein, sondern hat auch andere standörtliche und biologische Änderungen zur Folge. Aber im Rahmen dieser Arbeit liegt es mir daran, den Kohlenstoffhaushalt allein aus der Gesamtheit der Erscheinungen herauszuschälen.

Beeinflussung durch die Witterung.

Da der Hauptteil der vom Boden abgegebenen Kohlensäure das Produkt der Lebenstätigkeit niederer Organismen ist, wird es von vornherein verständlich sein, daß Einflüsse der Witterung sich in ausgedehntem Maße geltend machen werden, weit mehr, als wenn nur rein chemische Prozesse in Frage kämen.

Am wichtigsten ist der Einfluß der Temperatur. Er ist am Verlauf der Standardkurven zu studieren, am besten an der in Abb. 4 (S. 41) dargestellten Kurve der Reihen II A—C im Frühjahr 1923. Diese Kurve ist allein durch Temperatureinflüsse bedingt, und zwar ist es nicht die mittlere Luftwärme, sondern die Bodenwärme, die die CO_2-Produktion im Boden regelt. Das ist leicht einleuchtend; denn die Bakterien und sonstigen Kleinlebewesen sind abhängig weit mehr von der Temperatur ihrer nächsten Umgebung als von der Lufttemperatur, die erst einer von mehreren Faktoren ist, welche ihrerseits die Bodentemperatur bestimmen. Es kann vorkommen, daß einmal die Lufttemperatur steigt, während die Bodentemperatur fällt, wie dies z. B. am 23. 4. der Fall ist. Dann sinkt die CO_2-Abgabe ebenfalls.

Eine Änderung der Luftwärme wirkt sich erst nach einer gewissen Zeit im Boden aus; eine Änderung der Bodentemperatur beeinflußt nicht sofort im vollen Umfange die Lebenstätigkeit der Kleinlebewesen. Manchmal erreicht nach einer Erhöhung der Luft- und der Bodentemperatur die CO_2-Produktion erst am folgenden Versuchstage ihr Maximum. Das ist z. B. am 26. und 27. 4. der Fall: Der Höchststand der beiden Temperaturkurven liegt am 26., der der CO_2-Kurve erst am 27. 4. — Eine Bodenbedeckung, die geeignet ist, die Wärmeausstrahlung zu begünstigen, z. B. ein Grasüberzug, kann die Bodentemperatur wesentlich beeinflussen. Es kann sich ereignen, daß durch die Wärmeausstrahlung in einer kalten Nacht die Bodentemperatur sinkt, während die mittlere Luftwärme steigt; dann fällt auch die CO_2-Menge, wie das bei den Versuchen der Reihen I C und D am 15. 7. zutrifft (vgl. S. 37 und die Abb. 2).

Nachdem der fördernde Einfluß einer Bodenerwärmung erkannt ist, wird der Forstmann bei der Behandlung seiner Bestände als einen seiner Leitsätze aufnehmen müssen: Wie erhöhe ich die Temperatur meines Waldbodens. Dem erfahrenen Praktiker werden dafür eine Reihe von Möglichkeiten offen stehen. Als wichtigste wird die Regelung des richtigen Kronenschlusses anzusehen sein. Man darf natürlich nicht so weit gehen, daß die Bestände verlichtet werden, daß eine Verangerung eintritt. Diese letztere erhöht wieder, wie das schon angeführt wurde, leicht die Wärmeausstrahlung während der Nacht. Man wird auch Schattenhölzer mit Lichthölzern mischen können; durch die weniger dichten Kronen der letzteren dringen wärmende Sonnenstrahlen reichlich durch, die auch unter den ersteren die Zersetzung fördernd beeinflussen. Man kann weiterhin unter einem lockeren Schirm von Altholz einen nicht zu dichten Unterbau anlegen, der wieder ein Übermaß an Sonnenstrahlen auffängt. Wenn er zu dicht ist, so wirkt er nachteilig auf die Bodenwärme, wie das bei der Reihe IV H (s. S. 66) in Erscheinung getreten ist. Welche Einschränkungen diese an sich überall gültigen Forderungen in einem bestimmten Revier erfahren müssen, hängt von den jeweiligen örtlichen Verhältnissen ab, die der Revierverwalter ja kennt.

Wie im vorstehenden schon angeführt wurde, haben mehrere Forscher bei aus dem natürlichen Verband genommenen Bodenproben festgestellt, daß eine Erhöhung des Wassergehalts eine Steigerung der Kohlensäureentwicklung bedingt. Diese Feststellung ist durch meine Versuche im wesentlichen auch für den natürlich gelagerten Boden bestätigt worden. Recht gut gibt hierüber die Kurve der Standardreihen III A—C Auskunft (vgl. Abb. 5). Bis zum 14. 7. steigen die Temperaturkurven, während die CO_2-Kurve sinkt; im Gegensatz dazu sinken vom 14. 7. ab die Temperaturkurven erheblich, während die CO_2-Kurve steigt. Hierfür kann nur der Wasserhaushalt im Boden eine Erklärung geben. Während der warmen, aber trockenen Zeit bis zum 14. ist der Boden, soweit er von Humus= stoffen bedeckt ist, stark ausgetrocknet; den Bakterien fehlte es daher an dem für ihr Leben erforderlichen Wasser, denn so reichlich wie Humusstoffe Wasser aufzusaugen vermögen, ebenso schnell verlieren sie es wieder. Es ging also die Menge der entwickelten CO_2 zurück. Gleich nach den geringen Regenmengen am 14. steigt die CO_2=Kurve und erreicht ihren Höchststand nach der gehörigen Durchfeuchtung der Bodendecke durch die starken Regenmengen am 16.

Der gleiche Vorgang ist mehrmals in Erscheinung getreten; es wurde bei den einzelnen Versuchen schon darauf hingewiesen. Die Bedeckung des Bodens mit Moos, das verhältnismäßig lange, je nach seiner Art und Stärke, Wasser zu speichern vermag, wirkt mehr oder weniger im günstigen Sinne ein. Auffallend ist jedoch, daß an den Stellen, an denen eine Bodendecke ganz fehlt, z. B. bei III D, der Einfluß des Austrocknens nicht in Erscheinung tritt. In dem dichten Flottlehm hält sich das Wasser sehr lange und versickert langsam. Im Frühjahr, bei den Reihen II A—C z. B., zu einer Zeit, in der noch reichlich Winterfeuchtigkeit im Boden steckt, ist eine Einwirkung der Durchfeuchtung nicht zu erkennen.

Den Wasserhaushalt in den oberen Bodenschichten zu regeln, wird in der Praxis des Forstmanns wenig in Frage kommen können. Einige Arten der Bodenbearbeitung ermöglichen vielleicht einen gewissen Ein= fluß. Das Wichtigste bleibt natürlich der Regen, der vom Himmel kommt.

Über den Einfluß des Windes auf die CO_2=Konzentration in der Waldluft ist schon gesprochen worden (vgl. S. 25). Es sei hier aber nochmals betont, daß der Erfolg einer vermehrten CO_2=Entwicklung am Boden ganz wesentlich dadurch beeinträchtigt wird, unter Um= ständen vielleicht sogar ganz aufgehoben werden kann, wenn der Wind kommt und durch den Bestand bläst und dabei einen schnellen Ausgleich zwischen der an CO_2 reichen Luft im Bestand und der armen außerhalb und über dem Kronendach bewirkt. Dieser Ein= fluß reicht bis in die untersten Luftschichten dicht über dem Boden. Es ist daher eine gebieterische Notwendigkeit, den Wind möglichst wenig in den Bestand hinein zu lassen, wofür Waldbau und Forst= einrichtung sorgen müssen. Diese wird für eine richtige Verteilung verschieden alter Bestände über das ganze Revier zu sorgen haben; sie wird die Hiebsführung entsprechend regeln müssen. Ungleich= altrige Bestände, Staffelung des Kronendachs, Unterbau unter Alt=

holz, Windmäntel dicht benadelter und dicht belaubter Holzarten am Rande und innerhalb des Bestandes zu schaffen, sind waldbauliche Maßnahmen, die einer dringenden Beachtung vom Standpunkt der Kohlenstoffernährung aus wert sind.

Beeinflussung durch die Bodendecke.

Über die Einwirkung von ihrer chemischen Zusammensetzung und der Art ihrer Entstehung nach verschiedenen Böden kann ich mir kein Urteil erlauben, da ich außer den wenigen Bestimmungen bei Gießen auf Ton nur auf Quarzböden — Sand oder Flottlehm — gearbeitet habe.

Aus gänzlich unbedecktem Boden (III D, V L—N) findet man stets eine gewisse Kohlensäuremenge ausströmen, die zwar verhältnismäßig niedrig ist. Sie stammt neben der aus dem Erdinnern hervordringenden CO_2 aus der Zersetzung der in den Böden enthaltenen geringen, z. T. in beträchtlicher Tiefe liegenden Humusstoffe. Je mehr Humusstoffe überhaupt vorhanden sind, um so mehr CO_2 kann naturgemäß auch entstehen. Daraus erklären sich auch die auf Trockentorf gefundenen beträchtlichen Mengen. Je mehr Streu und Reisig auf dem Boden zur Zersetzung kommt, um so mehr CO_2 kann sich aus ihnen entwickeln. Das ergibt mit der Zeit eine wesentliche Vermehrung des in den Kohlenstoffkreislauf einbezogenen Kohlenstoffs (vgl. S. 22); daraus folgt eine nachhaltige Erhöhung der Massenproduktion. Es ist daher eine möglichst alljährlich wiederkehrende, jeweils maßvoll eingreifende Durchforstung erwünscht, wie sie z. B. in Bärenthoren seit langem durchgeführt ist.

Ein Überzug von Moosen, besonders von Hypnum- und Polytrichumarten, wirkt nicht schädigend auf die CO_2-Entwicklung ein. Die Menge Kohlenstoff, die in den Moosen festgelegt ist, ist so gering, daß sie gänzlich bedeutungslos ist. In mehreren Fällen hat sich ein Moosüberzug sogar als nützlich erwiesen, da in ihm das Wasser länger zurückgehalten wurde; am auffälligsten ist das bei V K zu beobachten. Dadurch, daß die abfallenden Nadeln in dem grünen Moos eingebettet sind, liegen sie locker und können, da reichlich Sauerstoff bequem herantreten kann, sich schnell zersetzen; Rohhumusbildung ist also weitgehend hintangehalten.

Eine schwache Begrünung von einzeln stehenden Kräutern und Gräsern kann nicht ungünstig wirken. Wo aber ein dichter Grasteppich, eine richtige Verangerung des Bestandes eingetreten ist, da ist auch der Kohlenstoffhaushalt in Mitleidenschaft gezogen. Eine beträchtliche Menge CO_2 wird von dem Gras selbst geschluckt. Der Boden wird weniger erwärmt als ein nicht vergraster; dazu kommt, daß die Wärmeausstrahlung oftmals ziemlich groß ist. Auf die übrigen waldbaulichen Nachteile sei hier nur hingewiesen.

Statt einer Verangerung tritt im Nordwesten Deutschlands meist eine Verheidung ein. Diese Heide bildet selbst Holz, sie verbraucht daher für sich selbst noch mehr Kohlensäure als ein starker Graswuchs. Wärmeeinflüsse wirken sehr auf verheideten Boden ein, wie das die Reihen II G und H bei freistehender Heide besonders stark zeigen, um so mehr, je kürzer das Heidekrau tist. Der dunkelgefärbte Boden= überzug wird durch die Sonne rasch erwärmt; ebenso schnell aber gibt er die Wärme durch Strahlung wieder ab. Über die Einwirkung des Abplaggens s. die Versuchsreihen II O—Q. Ist der Bestand so weit herangewachsen, daß er die Heide zum Absterben bringt, oder hat sich zwischen ihr reichlich Hypnum oder Polytrichum eingestellt, die das gleiche besorgen, so zersetzen sich die Heidereste recht schnell und geben eine große CO_2=Menge. Einzelne stärkere Stengel, die lang= samer zergehen, halten die neu auffallenden Nadeln in lockerer Lage= rung, was natürlich günstig für die Oxydation ist.

In der Regel ist die Art des Bodenüberzugs eine Folge der Behand= lung des Bestandes. Der Wirtschafter wird dafür zu sorgen haben, daß er sich nicht auf dem Boden seines Bestandes Verhältnisse zieht, die für die Kohlenstoffernährung seines Waldes ungünstig sind.

Beeinflussung durch den Bestand.

Es ist schon mehrfach angedeutet worden, daß durch Eingriffe in den Bestand Günstiges und Ungünstiges für den Kohlenstoffhaushalt er= reicht werden kann. Eine richtige Führung des Hiebes ist für die prak= tische Forstwirtschaft vielfach das einzige, aber auch ein voll ausreichen= des Mittel zur Einwirkung auf die Kohlensäureverhältnisse. Um das zweckmäßigste Maß der Bodenerwärmung, des Windschutzes, der Kro= nenstärke und der Reisigmenge sowie die beste Bodendecke herbeizu= führen, leistet die verständig geführte Axt die besten Dienste. Der Forst mann sollte sich beim Auszeichnen immer die Frage vorlegen: In wel= cher Weise kann ich dem Kohlenstoffhunger meines Waldes abhelfen? Er wird dann zu einer maßvoll gehandhabten Hochdurchforstung kommen.

Beeinflussung durch Bodenbearbeitung.

Eine Bodenbearbeitung wird in den meisten Fällen vom Stand= punkt der Kohlenstoffernährung zu begrüßen sein; sie wird nach der finanziellen Seite hin oftmals auch dann zu vertreten sein, wenn z. B. die Verjüngung eines Bestandes sie noch nicht erheischt. Im Bestande hat sich allemal eine Bodenbearbeitung als günstig erwiesen. Am lehrreichsten sind da die Hohenlübbichower Reihen V D, F, G—J, die schon S. 80 eingehender gewürdigt sind, welche stets einen noch viele Jahre später meßbaren guten Einfluß angezeigt haben. Eine Bearbeitung auf voller Fläche ist derjenigen in Streifen überlegen, wahrscheinlich ist das Fräsen wirkungsvoller als das Pflügen, Eggen und Igeln.

Auf der Kahlfläche, bei der Kultivierung von verangerten oder verheideten Blößen oder von Ödländereien kann man mit Pflügen und Eggen oder mit Fräsen arbeiten. Welcher Arbeitsweise man den Vorzug geben will, hängt von den örtlichen Verhältnissen ab, wenn man nicht erst Streifen fräsen und nach einiger Zeit die Balken dazwischen ebenso behandeln will.

Unter Verhältnissen mit viel Trockentorf, wie sie Erdmann hat, ist das Entfernen des Torfes und Zusammenwerfen auf Dämme wohl die beste Methode, die auch eine höhere Gesamtmenge CO_2, auf die Flächeneinheit bezogen, liefert. Auch die große CO_2-Menge, die von den Dämmen ausgeht, wirkt in überraschender Weise wachstumssteigernd ein.

Welchen Einfluß künstliche Düngung, insonderheit Kalkung ausübt, bleibt noch zu erforschen. Die einzige gekalkte und mit der Rollegge bearbeitete Versuchsfläche III G leidet daran, daß die Eingriffe nicht bis auf den Mineralboden erfolgt sind. Trotzdem war eine recht lebhafte CO_2-Entwicklung zu verzeichnen.

Die Ergebnisse nach dem Impfen mit Guanol (10 und 11), ein wahrscheinlich aussichtsreiches Verfahren, sind nicht so weit durchgeführt, daß sie ein abschließendes Urteil zu fällen erlauben. Der Gedanke, edel gezüchtete Bakterien, die in hohem Maße befähigt sind, die Zersetzung zu fördern, an ungesunden Stellen auf den Boden zu bringen, scheint mir dringend der eingehenden Beachtung würdig.

Man erkennt schon jetzt, daß es möglich ist, ziemlich weitgehend den Kohlenstoffhaushalt des Bestandes zu beeinflussen. Wird man auf eine zweckmäßige Kohlenstoffernährung des Waldes erst bewußt hinarbeiten, so kann es wohl keinem Zweifel mehr unterliegen, daß das angestrebte Ziel erreicht wird, eine Vermehrung des Zuwachses. Es bietet sich hier ein weites Arbeitsfeld, dessen sorgfältige Beackerung reiche Früchte bringen wird.

Quellenverzeichnis.

1. Abderhalden, Handbuch der biochem. Arbeitsmethoden, Bd. III.
2. Albert, Zeitschr. f. F. u. J. 1912—1914.
3. — Silva 1921 H. 38.
4. Blackman u. seine Schüler, Naturwissensch. Rundschau, 1906 u. 1911.
5. Bornemann, Kohlensäure und Pflanzenwachstum, II. Aufl., Berlin 1923.
6. — Zeitschr. f. F. u. J. 1923 S. 704.
7. Ebermayer, Akad. Sitzungsberichte, München 1885.
8. — Die Beschaffenheit der Waldluft, Stuttgart 1885.
9. Erdmann, Exkursionsführer.
10. Gehring, Fühling's Landw. Zeitung, 68. Jahrg. 1919 H. 13/14.
11. — ebenda, 70. Jahrg. 1921 H. 7/8.
12. Harder, Jahrb. f. wissenschaftl. Botanik, Bd. 60, 1921 S. 551.
13. Hartmann, Wiener allg. Forst= u. Jagdzeitung, 1922 H. 8.
14. Heiden, Lehrbuch der Düngerlehre, II. Aufl. S. 551.
15. Hempel, Gasanalytische Methoden, IV. Aufl., Berlin 1913,
16. Heß=Weber, Der akademische Forstgarten bei Gießen, III. Aufl., 1914.
17. Hesselink van Süchtelen, Centralbl. f. Bakteriologie, II. Abt. 1910.
18. Hornschu, Silva 1921 H. 36/37.
19. — Persönliche Mitteilungen.
20. Janert u. E. A. Mitscherlich, Zeitschr. f. Pflanzenernährung und Düngung, 1923 A, S. 178 und Botan. Archiv, 1922 S. 166.
21. Krautz, Binnenversorgung durch Bodenkraftmehrung, Augsburg 1924.
22. Kreutzer, Wiener allg. Forst= u. Jagdzeitung, 1922 H. 3.
23. Lundegårdh, Svensk botan. Tidskrift, Bd. 15, 1921 H. 1.
24. — Angewandte Botanik, Bd. IV, 1922 H. 3.
25. — Biochem. Zeitschr., 1922 S. 109.
26. — Biologisches Centralblatt, 1922.
27. — Der Kreislauf der Kohlensäure in der Natur, Jena 1924.
28. Meinecke d. Ältere, Zeitschr. f. F. u. J., 1921.
29. — ebenda, 1923 S. 708.
30. Meinecke d. Jüngere, Die Azidität des Waldbodens, Diplomarbeit, Münden 1925.
31. Möller, Dauerwaldwirtschaft, Berlin 1921.
32. Oelkers, Zeitschr. f. F. u. J., 1922 H. 3.
33. Palmquist, Bib. Kgl. Svensk Vetens. Akad., Bd. 18 II (nach einer briefl. Mitteilung von Dr. Reinau).
34. Pettersson, Zeitschr. f. analyt. Chemie, 1886 S. 467.
35. Ramann, Bodenkunde, III. Aufl., Berlin 1911.

36. Reinau, Kohlensäure und Pflanzen, Halle 1920.
37. — Die Technik in der Landwirtschaft, Bd. V H. 5.
38. — (contra Mitscherlich), Mitteil. d. D. L. G., 1924.
39. — Zeitschr. f. Pflanzenernährung u. Düngung, 1924, A, H. 3.
40. Romell, Medd. f. Stat. Skogsförsöksanstalt, 1922 H. 2.
41. Rubner, Mitteil. d. Vereins d. höheren Forstbeamten Bayerns, 1922
        H. 11/12.
42. Schmidt, Zeitschr. f. F. u. J., 1923 S. 534.
43. — ebenda, 1923, S. 715.
44. — ebenda, 1924. H. 8.
45. Sondén, Zeitschr. f. analyt. Chemie, 1887 S. 592.
46. Spirgatis, Botan. Archiv, 1923 S. 381.
47. Stålfelt, Medd. f. Stat. Skogsförsöksanstalt, XVIII., 1921 H. 5.
48. — ebenda XXI., 1924 H. 5.
49. Stoklasa und Ernest, Centralbl. f. Bakteriologie, II. Abt. Bd. 14.
50. Wittich, Untersuchungen über den Einfluß intensiver Bodenbearbeitung
        auf Hohenlübbichower und Biesenthaler Sandböden, Neudamm 1926.
51. Wollny, Die Zersetzung der organischen Stoffe und die Humusbildung
        mit Rücksicht auf die Bodenkultur, Heidelberg 1897.